KB101435

아이가 좋아하는 4단계 초등연산

①-②-③

곱셈·나눗셈

동양북스

| **초판 1쇄 인쇄** 2023년 6월 5일
| **초판 1쇄 발행** 2023년 6월 14일
| **발행인** 김태웅
| **지은이** 초등 수학 교육 연구소『수학을 좋아하는 아이』
| **편집1팀장** 황준
| **디자인** syoung.k, MOON-C design
| **마케팅** 나재승
| **제작** 현대순
| **발행처** (주)동양북스
| **등록** 제 2014-000055호
| **주소** 서울시 마포구 동교로 22길 14 (04030)
| **구입문의** 전화 (02)337-1737 팩스 (02)334-6624
| **내용문의** 전화 (02)337-1763 이메일 dybooks2@gmail.com
| **ISBN** 979-11-5768-928-6(64410) 979-11-5768-356-7 (세트)

prologue

곱셈 나눗셈은 매우 중요합니다. 수학은 계통성이 매우 강한 과목이라 곱셈 나눗셈의 내용은 이후 분수 소수 등으로 연결됩니다. 이들 연산 능력이 부족하면 복잡해지는 다음 연산에 대응이 힘들어져 결국에는 수학을 어려워하게 되는 것입니다. 어떻게 해야 이 중요한 연산을 효과적으로 학습할 수 있을까요? 이에 대한 답은 명확합니다. 스스로 흥미를 느끼고 주도적으로 공부하는 방식으로 실력을 쌓도록 해야 하는 것입니다.

“곱셈과 나눗셈을 배우는 시기는 수학에 대한 흥미를 높여야 하는 매우 중요한 시기”

이 책은 다음과 같은 방식으로 곱셈 나눗셈을 완성합니다. 첫째, 그림, 표 등을 활용하는 학습. 수학을 잘하는 학생들은 문제를 주면 수직선이나 그림, 표를 활용해 문제를 논리적으로 이해하고 해결하는 것을 볼 수 있습니다. 따라서 다양한 그림, 표 등을 활용해 스마트한 방식으로 학습할 수 있도록 한 것입니다. 둘째, 4단계를 통해 완성하는 체계적 학습. 곱셈과 나눗셈 실력은 체계적으로 쌓아가야 합니다. 원리, 적용, 풀이, 확인이라는 단계를 거치며 학습할 때 부담 없이 이해되고, 이는 ‘수학을 잘할 수 있다’는 자신감으로 이어지는 것입니다. 셋째, 자연스럽게 기초를 만드는 재미있는 학습. 곱셈과 나눗셈은 창의적이고 재미있는 문제 풀이를 통해 배우는 것이 좋습니다. 그래야 호기심을 키워 스스로 수학에 흥미를 느끼고 연산을 마음대로 가지고 노는 역량을 발달시킬 수 있는 것입니다.

아이가 좋아하는 4단계 초등연산으로 공부하면 곱셈과 나눗셈에 통달함과 동시에 무엇보다 수학을 좋아하는 아이로 자라게 될 것입니다.

| 체계적인 4단계 연산 훈련

한 단계씩 꼼꼼히 훈련하면 정확도는 높아지고 속도는 빨라져요.

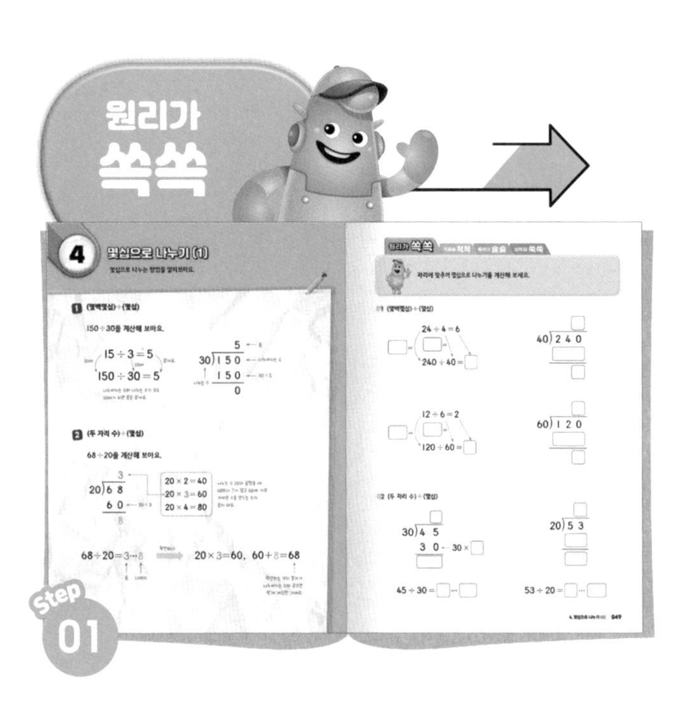

재미있고 친절한 설명으로 원리와 개념을 배우고,
그대로 따라해 보며 원리를 확실하게 이해할 수 있어요.

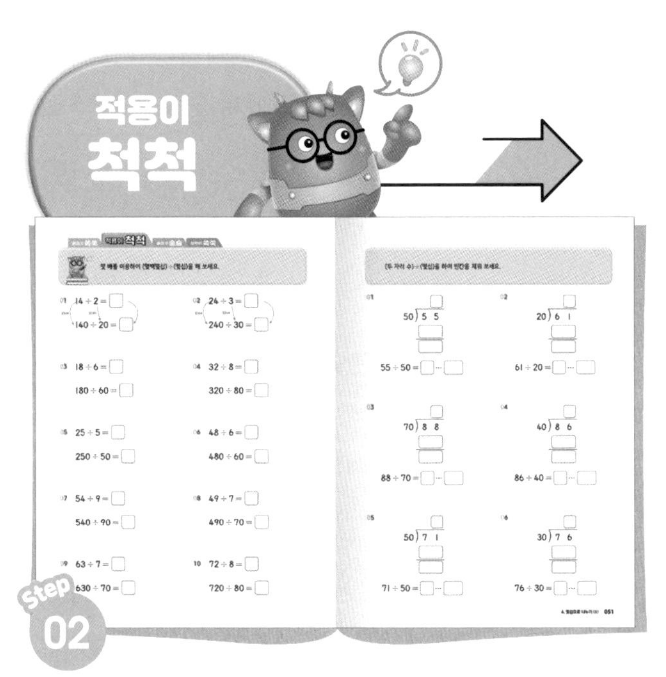

학습한 원리를 적용하는 다양한 방식을 배우며
연산 훈련의 기본을 다질 수 있어요.

| 연산의 활용

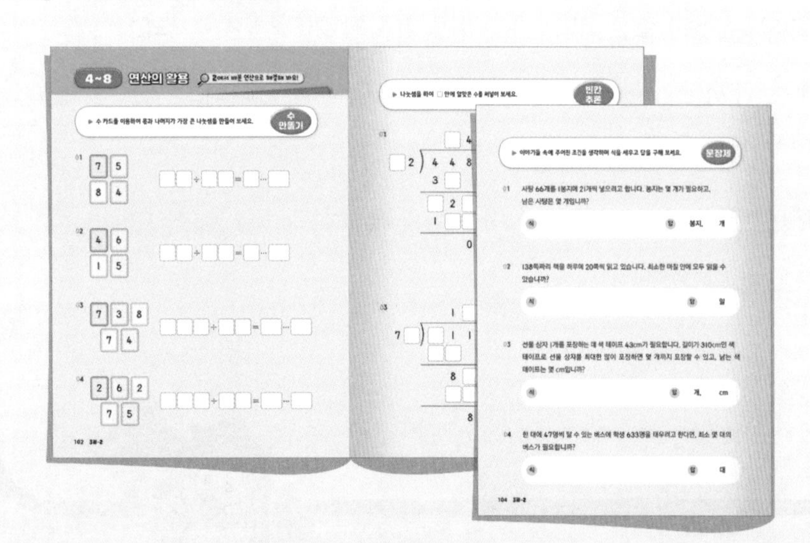

한 단계 실력 up!

4단계 훈련을 통한 연산 실력을
확인하고 활용해 볼 수 있는 규칙,
곱셈식 만들기, 수 만들기, 나눗셈의
만들기, 빈칸 추론, 문장제의 다양한
구성으로 복습과 함께 완벽한 마무리를
할 수 있어요.

탄탄한 원리 학습을 마치면 드릴 형식의 연산 문제도 지루하지 않고 쉽게 풀 수 있어요.

다양한 형태의 문제들을 접하며 연산 실력을 높이고 사고력도 함께 키울 수 있어요.

이렇게 학습 계획을 세워 보세요!

하루에 푸는 양을 다음과 같이 구성하여 풀어 보세요.

4주 완성

- **1day** 원리가 쑥쑥, 적용이 척척
- **1day** 풀이가 술술, 실력이 쑥쑥
- **1day** 연산의 활용

6주 완성

- **1day** 원리가 쑥쑥, 적용이 척척
- **1day** 풀이가 술술
- **1day** 실력이 쑥쑥
- **1day** 연산의 활용

1 곱셈

왜 숫자는 아름다운 걸까요?

이것은 베토벤 9번 교향곡이 왜 아름다운지 묻는 것과 같습니다.

- 폴 에르되시 -

2 나눗셈

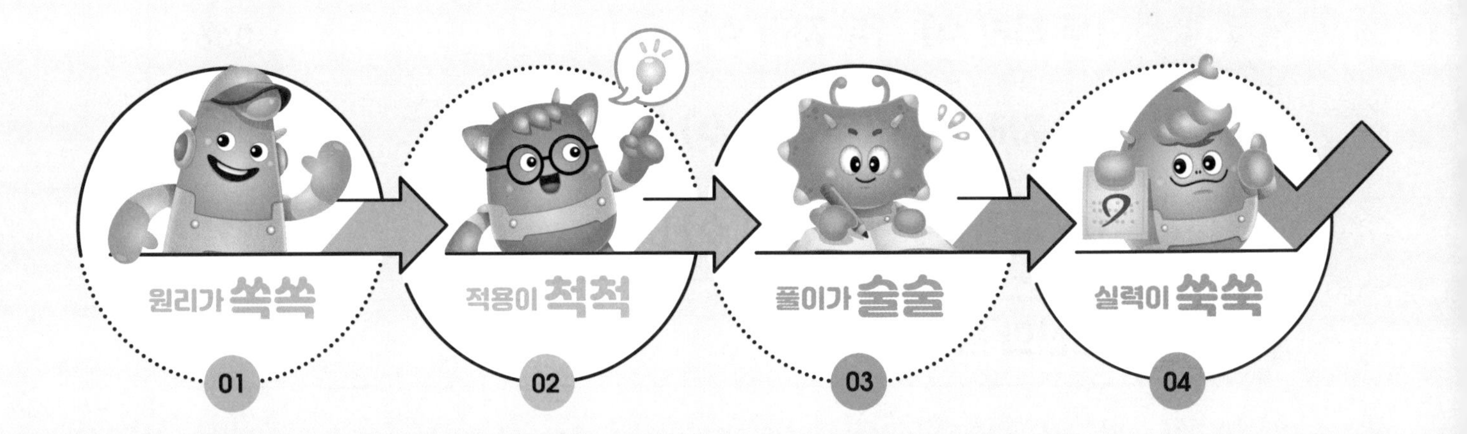
원리가 쑥쑥
01
적용이 척척
02
풀이가 술술
03
실력이 쑥쑥
04

1

곱셈

(몇백)×(몇십)

(몇백)×(몇십)은 (몇)×(몇)을 계산한 값에 두 수의 0의 개수의 합만큼 0을 붙여요.

1 (몇백)×(몇십)

200×30을 계산해 보아요.

$2 \times 3 = 6$

$200 \times 30 = 6000$

두 수의 0의 개수의 합이 3개이므로
0을 3개 붙여요.

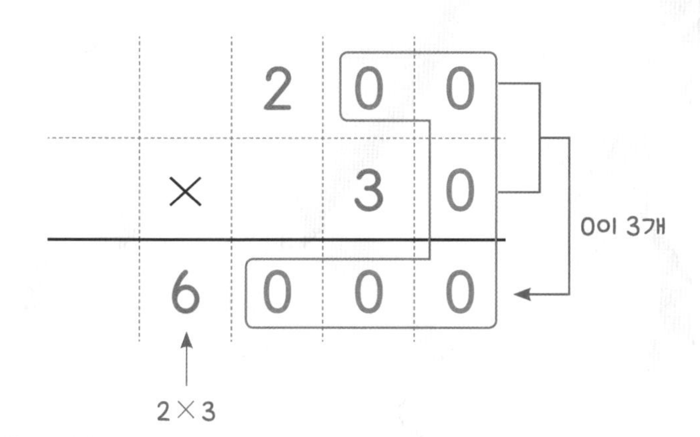

300×50을 계산해 보아요.

$3 \times 5 = 15$

$300 \times 50 = 15000$

두 수의 0의 개수의 합이 3개이므로
0을 3개 붙여요.

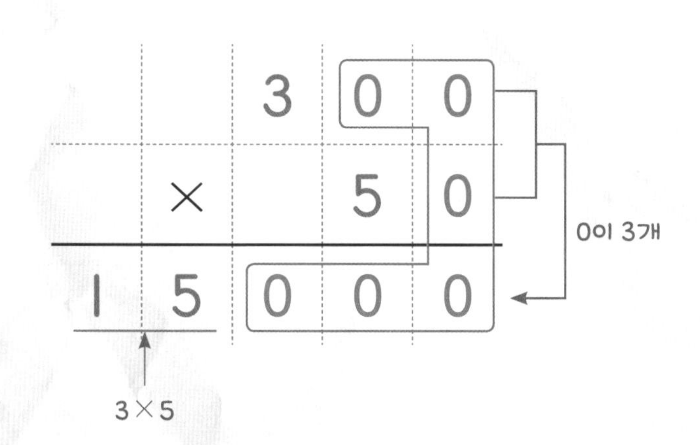

원리를 이용하여 (몇백)×(몇십)을 해 보세요.

01 (몇백)×(몇십) — 가로셈

$200 \times 20 = \square 000$

0이 □개

$300 \times 30 = \square 000$

0이 □개

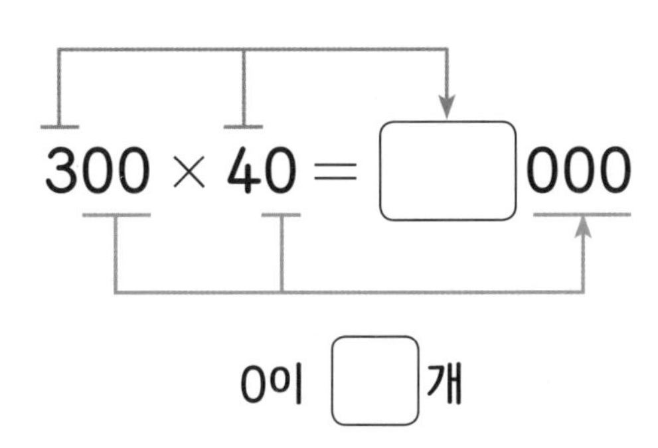

$300 \times 40 = \square 000$

0이 □개

$700 \times 30 = \square 000$

0이 □개

02 (몇백)×(몇십) — 세로셈

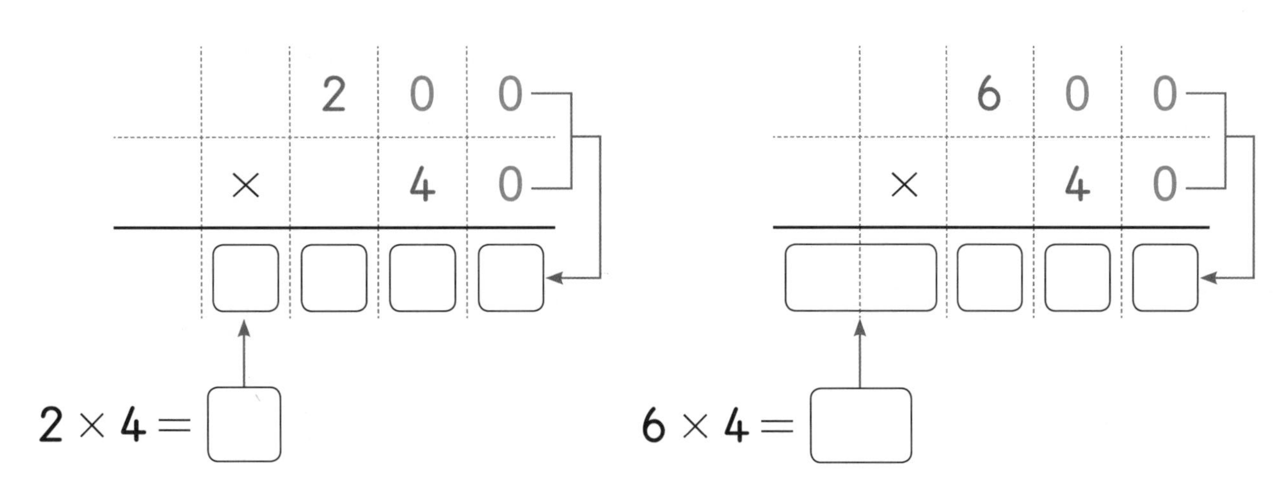

$\begin{array}{r} 200 \\ \times \quad 40 \\ \hline \square\square\square\square \end{array}$

$2 \times 4 = \square$

$\begin{array}{r} 600 \\ \times \quad 40 \\ \hline \square\square\square\square \end{array}$

$6 \times 4 = \square$

(몇백)×(몇십)을 (몇)×(몇)을 이용하여 계산해 보세요.

01 $2 \times 6 =$ ☐

$200 \times 60 =$ ☐000

02 $5 \times 2 =$ ☐

$500 \times 20 =$ ☐000

03 $5 \times 3 =$ ☐

$500 \times 30 =$ ☐

04 $6 \times 3 =$ ☐

$600 \times 30 =$ ☐

05 $7 \times 4 =$ ☐

$700 \times 40 =$ ☐

06 $3 \times 7 =$ ☐

$300 \times 70 =$ ☐

07 $2 \times 8 =$ ☐

$200 \times 80 =$ ☐

08 $6 \times 6 =$ ☐

$600 \times 60 =$ ☐

09 $6 \times 5 =$ ☐

$600 \times 50 =$ ☐

10 $5 \times 8 =$ ☐

$500 \times 80 =$ ☐

(몇백)×(몇십)을 0의 개수를 맞추어 계산해 보세요.

01

		4	0	0
	×		2	0

02

		8	0	0
	×		3	0

03

		7	0	0
	×		2	0

04

		5	0	0
	×		6	0

05

		4	0	0
	×		3	0

06

		9	0	0
	×		2	0

07

		7	0	0
	×		5	0

08

		8	0	0
	×		4	0

09

		6	0	0
	×		8	0

10

		6	0	0
	×		7	0

(몇백)×(몇십)을 계산해 보세요.

01
$$\begin{array}{r} 700 \\ \times \quad 30 \\ \hline \end{array}$$

02
$$\begin{array}{r} 200 \\ \times \quad 50 \\ \hline \end{array}$$

03
$$\begin{array}{r} 800 \\ \times \quad 20 \\ \hline \end{array}$$

04
$$\begin{array}{r} 500 \\ \times \quad 40 \\ \hline \end{array}$$

05
$$\begin{array}{r} 300 \\ \times \quad 60 \\ \hline \end{array}$$

06
$$\begin{array}{r} 300 \\ \times \quad 90 \\ \hline \end{array}$$

07
$$\begin{array}{r} 400 \\ \times \quad 80 \\ \hline \end{array}$$

08
$$\begin{array}{r} 900 \\ \times \quad 50 \\ \hline \end{array}$$

09
$$\begin{array}{r} 500 \\ \times \quad 50 \\ \hline \end{array}$$

10
$$\begin{array}{r} 700 \\ \times \quad 80 \\ \hline \end{array}$$

11
$$\begin{array}{r} 800 \\ \times \quad 90 \\ \hline \end{array}$$

12
$$\begin{array}{r} 700 \\ \times \quad 60 \\ \hline \end{array}$$

13
$$\begin{array}{r} 700 \\ \times \quad 90 \\ \hline \end{array}$$

14
$$\begin{array}{r} 800 \\ \times \quad 70 \\ \hline \end{array}$$

15
$$\begin{array}{r} 600 \\ \times \quad 90 \\ \hline \end{array}$$

16 $200 \times 70 =$

17 $800 \times 50 =$

18 $400 \times 60 =$

19 $900 \times 30 =$

20 $400 \times 70 =$

21 $500 \times 70 =$

22 $300 \times 80 =$

23 $600 \times 70 =$

24 $900 \times 40 =$

25 $400 \times 90 =$

26 $600 \times 80 =$

27 $900 \times 60 =$

28 $200 \times 90 =$

29 $700 \times 70 =$

30 $900 \times 70 =$

31 $800 \times 80 =$

32 $500 \times 90 =$

33 $900 \times 80 =$

34 $900 \times 50 =$

35 $800 \times 60 =$

36 $900 \times 90 =$

문구류의 1개 가격을 보고 사려고 하는 물건의 가격을 구해 보세요.

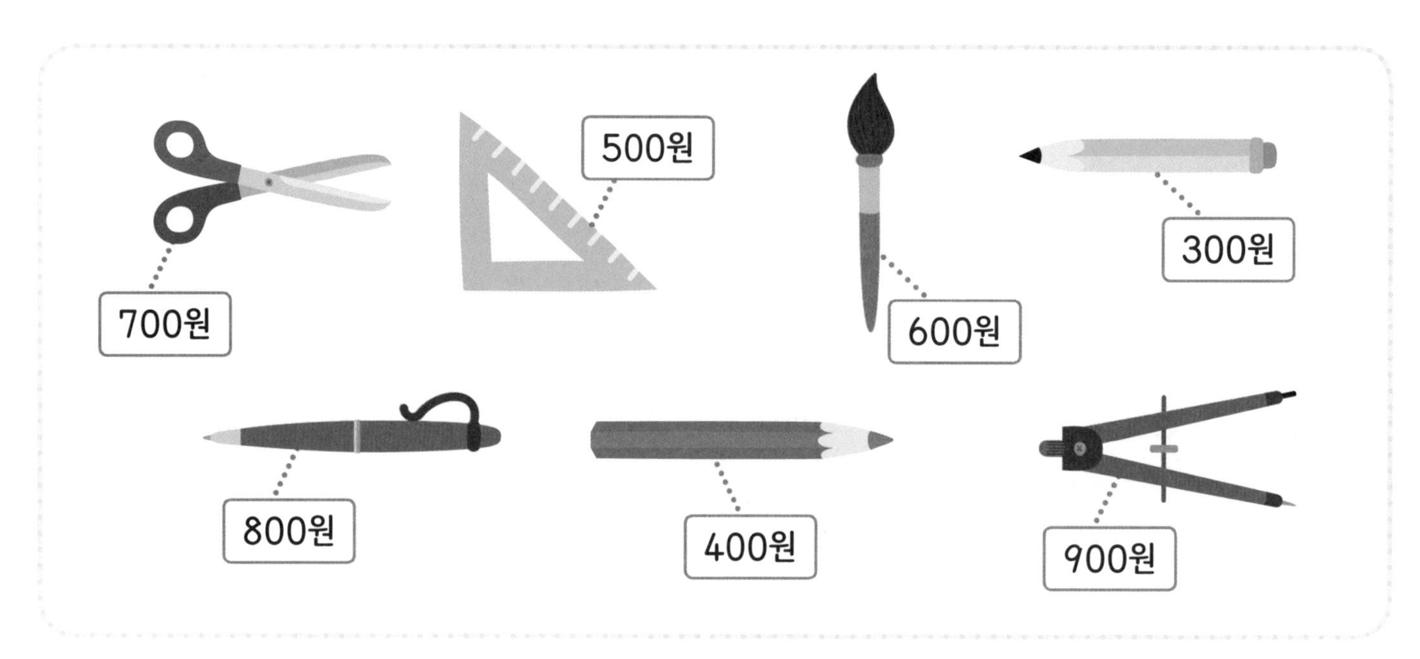

01 연필 20개

[　　　　] 원

02 색연필 30개

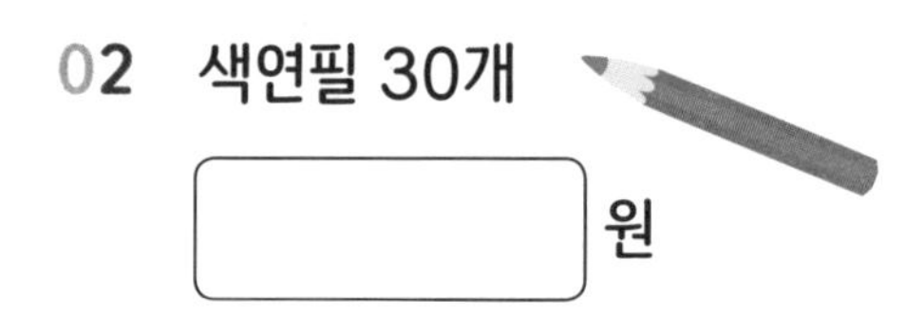

[　　　　] 원

03 볼펜 40개

[　　　　] 원

04 붓 80개

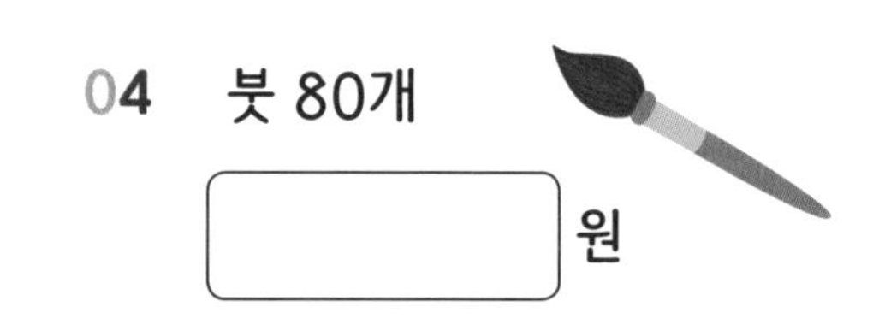

[　　　　] 원

05 가위 70개

[　　　　] 원

06 삼각자 60개

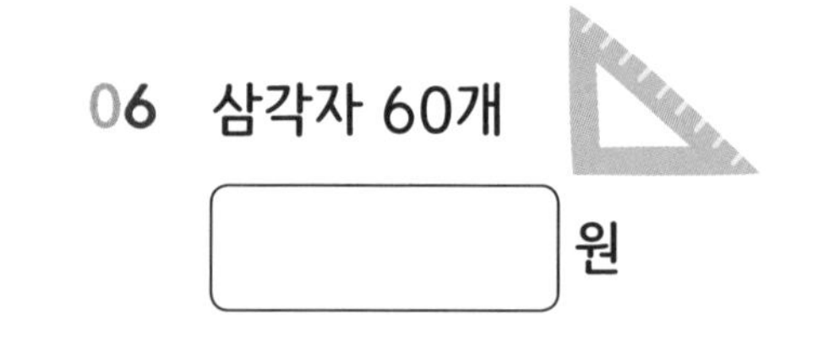

[　　　　] 원

07 컴퍼스 40개

[　　　　] 원

08 연필 90개

[　　　　] 원

부등호의 방향에 알맞게 □에 들어갈 수 있는 수를 모두 골라 ○ 해 보세요.

01 $200 \times \square > 8000$

50	60	30	40

02 $300 \times \square < 12000$

50	40	30	60

03 $500 \times \square > 25000$

40	60	50	70

04 $600 \times \square > 42000$

60	70	50	80

05 $400 \times \square < 16000$

30	40	20	10

06 $800 \times \square > 56000$

80	70	60	90

07 $700 \times \square > 35000$

30	60	50	80

08 $900 \times \square < 72000$

70	80	60	90

(세 자리 수)×(몇십)

(세 자리 수)×(몇십)은 (세 자리 수)×(몇)을 계산한 값에 10배를 해요.

1 (세 자리 수)×(몇십)

124×40을 계산해 보아요.

124×4의 계산 결과에 0을 1개 붙여요.

$$124 \times 40 = 4960$$

124×4

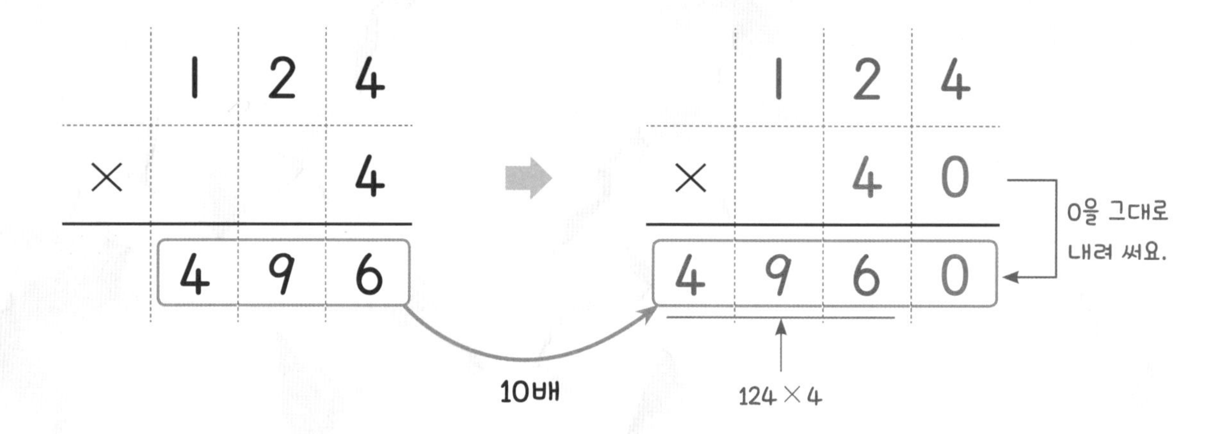

1 2 4
× 4
4 9 6
10배
1 2 4
× 4 0
4 9 6 0
0을 그대로
내려 써요.
124×4

10배를 이용하여 (세 자리 수)×(몇십)을 계산해 보세요.

01 (세 자리 수)×(몇십)

	1	4	3
×			4
	□	□	□

➡

	1	4	3
×		4	0
□	□	□	□

	2	8	3
×			3
	□	□	□

➡

	2	8	3
×		3	0
□	□	□	□

	3	2	3
×			5
□	□	□	□

➡

		3	2	3
	×		5	0
□	□	□	□	□

	6	7	8
×			6
□	□	□	□

➡

		6	7	8
	×		6	0
□	□	□	□	□

(세 자리 수) × (몇십)을 자리에 맞추어 계산해 보세요.

01

	1	7	9
×		2	0

02

		2	8	4
×			4	0

03

	3	6	5
×		2	0

04

		4	5	5
×			6	0

05

	2	8	4
×		3	0

06

		5	2	7
×			6	0

07

	4	7	8
×		2	0

08

		7	4	3
×			5	0

09

		3	2	9
×			6	0

10

		3	3	9
×			5	0

11

		4	1	4
×			7	0

12

		6	2	1
×			4	0

13

		8	4	4
×			4	0

14

		9	7	5
×			3	0

15

		4	0	7
×			9	0

16

		5	2	6
×			8	0

17

		7	8	5
×			6	0

18

		9	8	5
×			8	0

(세 자리 수) × (몇십)을 세로셈으로 자리를 맞추어 계산하고 답을 구해 보세요.

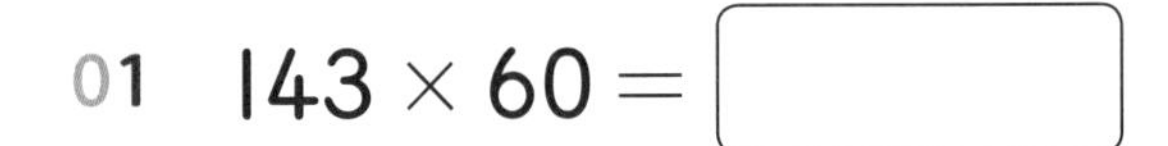

01 $143 \times 60 =$ ☐

		1	4	3
×			6	0

02 $314 \times 50 =$ ☐

03 $278 \times 80 =$ ☐

04 $572 \times 30 =$ ☐

05 $748 \times 30 =$ ☐

06 $609 \times 50 =$ ☐

07 $411 \times 70 =$ ☐

08 $638 \times 80 =$ ☐

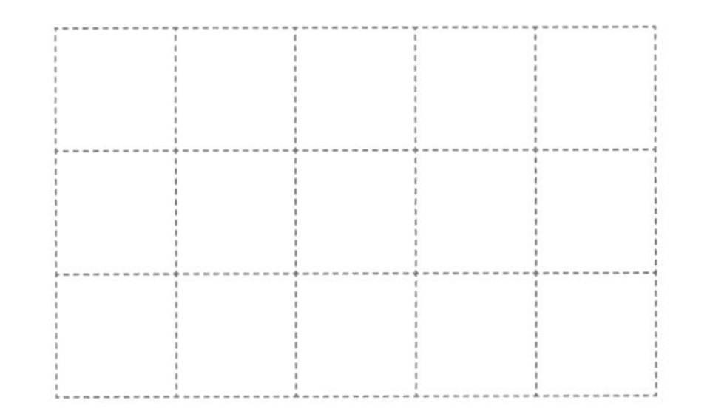

09 $588 \times 70 =$ ☐

10 $361 \times 70 =$ ☐

11 $725 \times 90 =$ ☐

12 $697 \times 40 =$ ☐

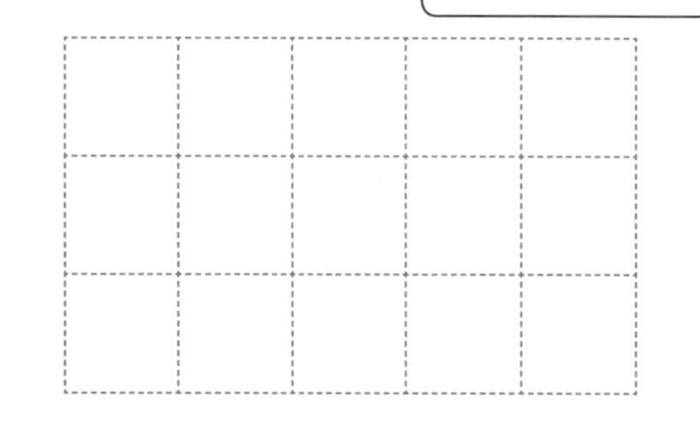

13 $706 \times 50 =$ ☐

14 $952 \times 60 =$ ☐

15 $881 \times 80 =$ ☐

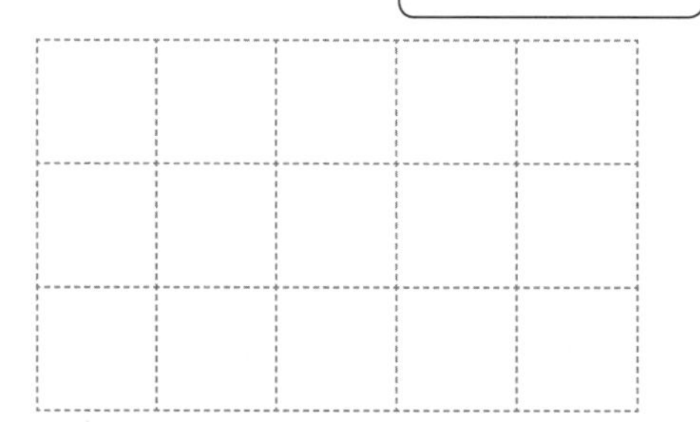

16 $855 \times 60 =$ ☐

17 $984 \times 90 =$ ☐

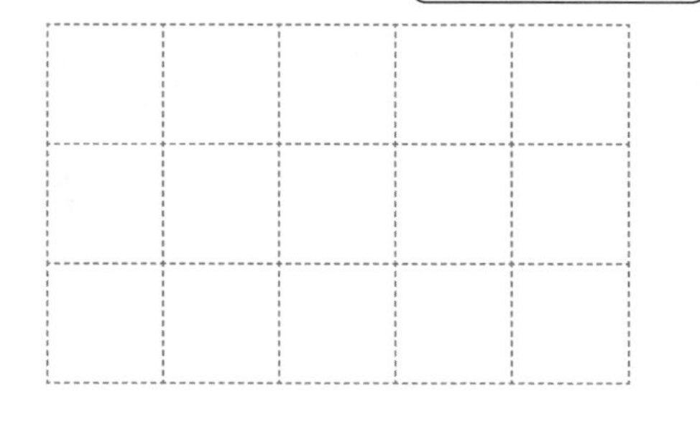

18 $734 \times 90 =$ ☐

(세 자리 수)×(몇십)을 자리의 수에 맞추어 계산해 보세요.

01 225×50

02 410×20

03 395×60

04 408×50

05 301×30

06 475×40

07 793×20

08 639×30

09 474×20

10 293×60

11 185×50

12 826×30

13 233×50

14 389×20

15 607×60

16 590×90

17 678×60

18 258×60

19 471×80

20 693×20

21 909×30

22 839×70

23 507×80

24 826×70

25 809×80

26 927×80

27 481×40

28 553×90

29 647×80

30 891×80

31 968×50

32 727×60

33 613×60

(세 자리 수)×(몇십)을 계산해 보세요.

01 $113 \times 30 =$

02 $236 \times 40 =$

03 $337 \times 20 =$

04 $552 \times 20 =$

05 $249 \times 50 =$

06 $354 \times 30 =$

07 $412 \times 20 =$

08 $459 \times 40 =$

09 $197 \times 30 =$

10 $340 \times 90 =$

11 $332 \times 30 =$

12 $972 \times 20 =$

13 $918 \times 20 =$

14 $566 \times 50 =$

15 $801 \times 60 =$

16 $775 \times 30 =$

17 $283 \times 70 =$

18 $378 \times 40 =$

19 $236 \times 30 =$

20 $540 \times 70 =$

21 $496 \times 60 =$

22 $673 \times 50 =$

23 $625 \times 90 =$

24 $712 \times 80 =$

25 $181 \times 90 =$

26 $651 \times 80 =$

27 $730 \times 70 =$

28 $713 \times 80 =$

29 $347 \times 90 =$

30 $679 \times 40 =$

31 $523 \times 80 =$

32 $793 \times 50 =$

33 $914 \times 70 =$

34 $907 \times 80 =$

곱셈의 결과를 비교하여 큰 것부터 1, 2, 3을 차례로 ◯ 안에 써넣어 보세요.

01

$$\begin{array}{r} 263 \\ \times\ \ 30 \\ \hline \end{array}$$ ◯

$$\begin{array}{r} 181 \\ \times\ \ 40 \\ \hline \end{array}$$ ◯

$$\begin{array}{r} 365 \\ \times\ \ 20 \\ \hline \end{array}$$ ◯

02

$$\begin{array}{r} 326 \\ \times\ \ 50 \\ \hline \end{array}$$ ◯

$$\begin{array}{r} 378 \\ \times\ \ 40 \\ \hline \end{array}$$ ◯

$$\begin{array}{r} 246 \\ \times\ \ 90 \\ \hline \end{array}$$ ◯

03 962×40 ◯

$$\begin{array}{r} 816 \\ \times\ \ 50 \\ \hline \end{array}$$ ◯

$$\begin{array}{r} 726 \\ \times\ \ 60 \\ \hline \end{array}$$ ◯

04 973×60 ◯

$$\begin{array}{r} 779 \\ \times\ \ 70 \\ \hline \end{array}$$ ◯

458×90 ◯

05 681×90 ◯

879×80 ◯

729×60 ◯

화살표 방향으로 곱셈을 하여 빈칸에 알맞은 수를 써넣으세요.

01

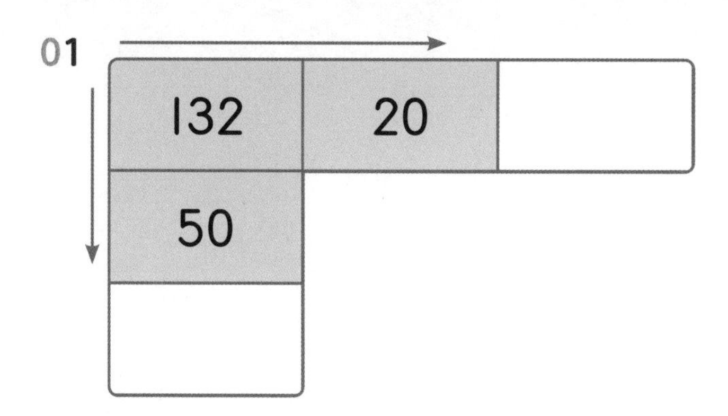

02

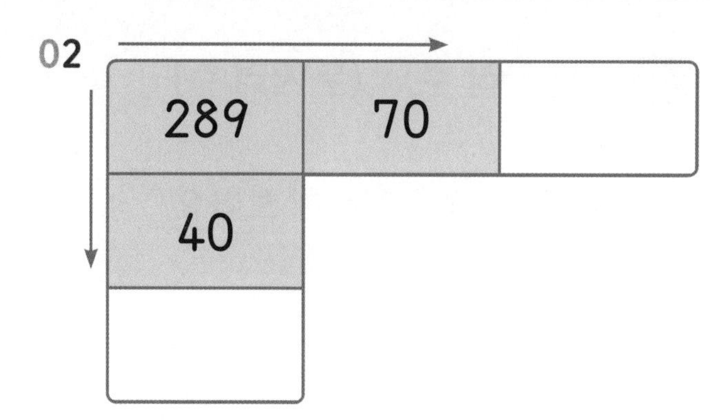

03

382 40
60

04

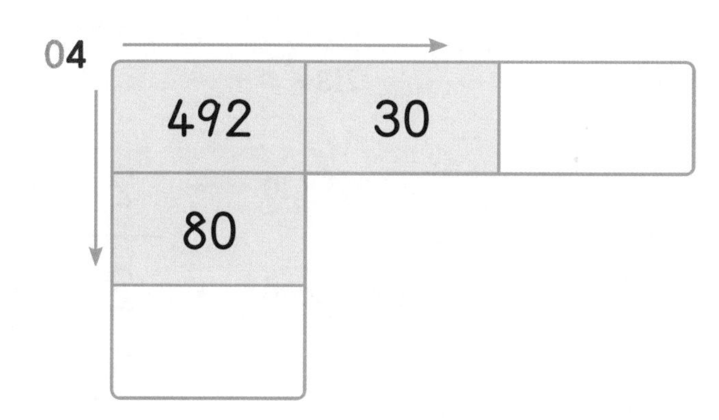

05

694
569 30

06

685
388 90

07

174
70 723

08

912
50 449

3 (세 자리 수)×(두 자리 수)

(세 자리 수)×(두 자리 수)는 두 자리 수의 일의 자리 수와 십의 자리 수를 세 자리 수에 각각 곱해요.

1 (세 자리 수)×(두 자리 수)

213×14를 계산해 보아요.

$$\begin{array}{r} 2\,1\,3 \\ \times \quad 1\,4 \\ \hline 8\,5\,2 \\ 2\,1\,3\,0 \\ \hline 2\,9\,8\,2 \end{array}$$

- 213×4 → 852
- 213×10 → 2130 (일의 자리 0은 생략하고 쓰지 않아도 돼요.)
- 852+2130 → 2982

213×10

$213 \times 14 = 2130 + 852 = 2982$

213×4

(세 자리 수)×(두 자리 수)의 계산을 자리의 수에 맞추어 계산해 보세요.

01

$$\begin{array}{r} 1\ 2\ 8 \\ \times \quad 5\ 1 \\ \hline \square \leftarrow 128\times1 \\ \square \leftarrow 128\times50 \\ \hline \square \end{array}$$

02

$$\begin{array}{r} 2\ 7\ 4 \\ \times \quad 6\ 2 \\ \hline \square \leftarrow 274\times2 \\ \square \leftarrow 274\times60 \\ \hline \square \end{array}$$

03

$$\begin{array}{r} 3\ 7\ 3 \\ \times \quad 6\ 5 \\ \hline \square \leftarrow 373\times\square \\ \square \leftarrow 373\times\square \\ \hline \square \end{array}$$

04

$$\begin{array}{r} 4\ 0\ 6 \\ \times \quad 8\ 4 \\ \hline \square \leftarrow 406\times\square \\ \square \leftarrow 406\times\square \\ \hline \square \end{array}$$

(세 자리 수)×(두 자리 수)를 일의 자리 수와 십의 자리 수의 곱으로 나누어 계산해 보세요.

01

$$\begin{array}{r} 2\ 8\ 3 \\ \times \quad 9\ 2 \\ \hline \square \\ \square \\ \hline \square \end{array}$$

➡ $283 \times 2 + 283 \times 90$

$= \square + \square$

$= \square$

02

$$\begin{array}{r} 3\ 9\ 4 \\ \times \quad 4\ 7 \\ \hline \square \\ \square \\ \hline \square \end{array}$$

➡ $394 \times 7 + 394 \times 40$

$= \square + \square$

$= \square$

03

$$\begin{array}{r} 5\ 3\ 7 \\ \times \quad 8\ 7 \\ \hline \square \\ \square \\ \hline \square \end{array}$$

➡ $537 \times 7 + 537 \times 80$

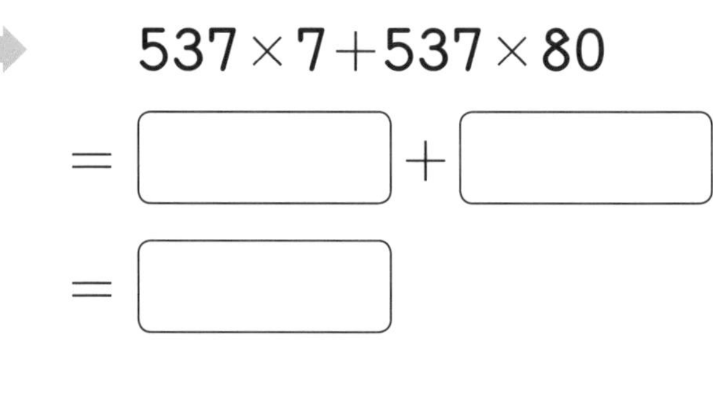

$= \square + \square$

$= \square$

04

$$\begin{array}{r} 451 \\ \times \quad 44 \\ \hline \square \\ \square \\ \hline \square \end{array}$$

➡ $451 \times 4 + 451 \times 40$

$= \square + \square$

$= \square$

05

$$\begin{array}{r} 771 \\ \times \quad 62 \\ \hline \square \\ \square \\ \hline \square \end{array}$$

➡ $771 \times 2 + 771 \times 60$

$= \square + \square$

$= \square$

06

$$\begin{array}{r} 543 \\ \times \quad 67 \\ \hline \square \\ \square \\ \hline \square \end{array}$$

➡ $543 \times 7 + 543 \times 60$

$= \square + \square$

$= \square$

07

$$\begin{array}{r} 892 \\ \times \quad 54 \\ \hline \square \\ \square \\ \hline \square \end{array}$$

➡ $892 \times 4 + 892 \times 50$

$= \square + \square$

$= \square$

08

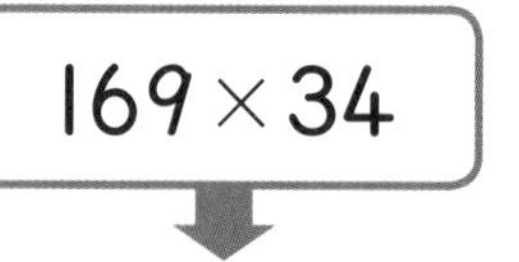

$169 \times 30 = \square$

$169 \times 4 = \square$

$169 \times 34 = \square$

09

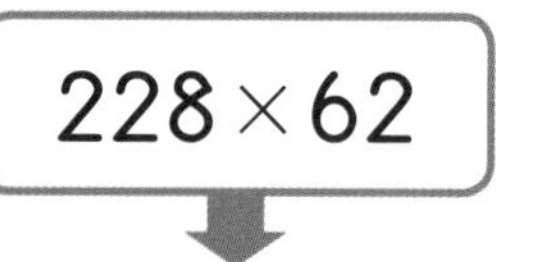

$228 \times 60 = \square$

$228 \times 2 = \square$

$228 \times 62 = \square$

10

324×57

$324 \times 50 = \square$

$324 \times 7 = \square$

$324 \times 57 = \square$

11

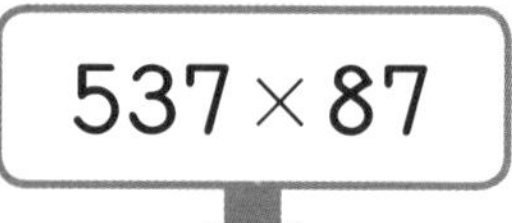

$537 \times 80 = \square$

$537 \times 7 = \square$

$537 \times 87 = \square$

12

681×55

$681 \times 50 = \square$

$681 \times 5 = \square$

$681 \times 55 = \square$

13

739×28

$739 \times 20 = \square$

$739 \times 8 = \square$

$739 \times 28 = \square$

14

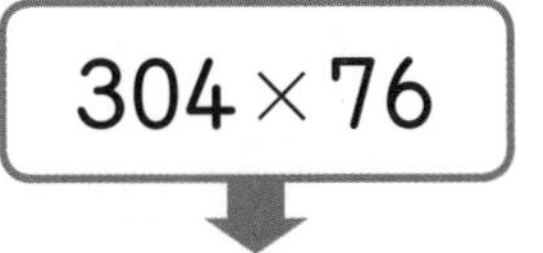

$304 \times 70 = \square$

$304 \times 6 = \square$

$304 \times 76 = \square$

15

899×36

$899 \times 30 = \square$

$899 \times 6 = \square$

$899 \times 36 = \square$

16

773×43

$773 \times 40 = \square$

$773 \times 3 = \square$

$773 \times 43 = \square$

17

616×83

$616 \times 80 = \square$

$616 \times 3 = \square$

$616 \times 83 = \square$

18

884×93

$884 \times 90 = \square$

$884 \times 3 = \square$

$884 \times 93 = \square$

19

918×79

$918 \times 70 = \square$

$918 \times 9 = \square$

$918 \times 79 = \square$

(세 자리 수)×(두 자리수)를 계산해 보세요.

01

		7	9	6
	×		1	2

02

		6	4	5
	×		2	6

03

		5	7	3
	×		2	5

04

		5	2	6
	×		4	7

05

		7	7	3
	×		4	3

06

		9	7	0
	×		1	3

07

		4	2	5
	×		5	2

08

		8	0	7
	×		6	6

09

		9	4	0
	×		7	4

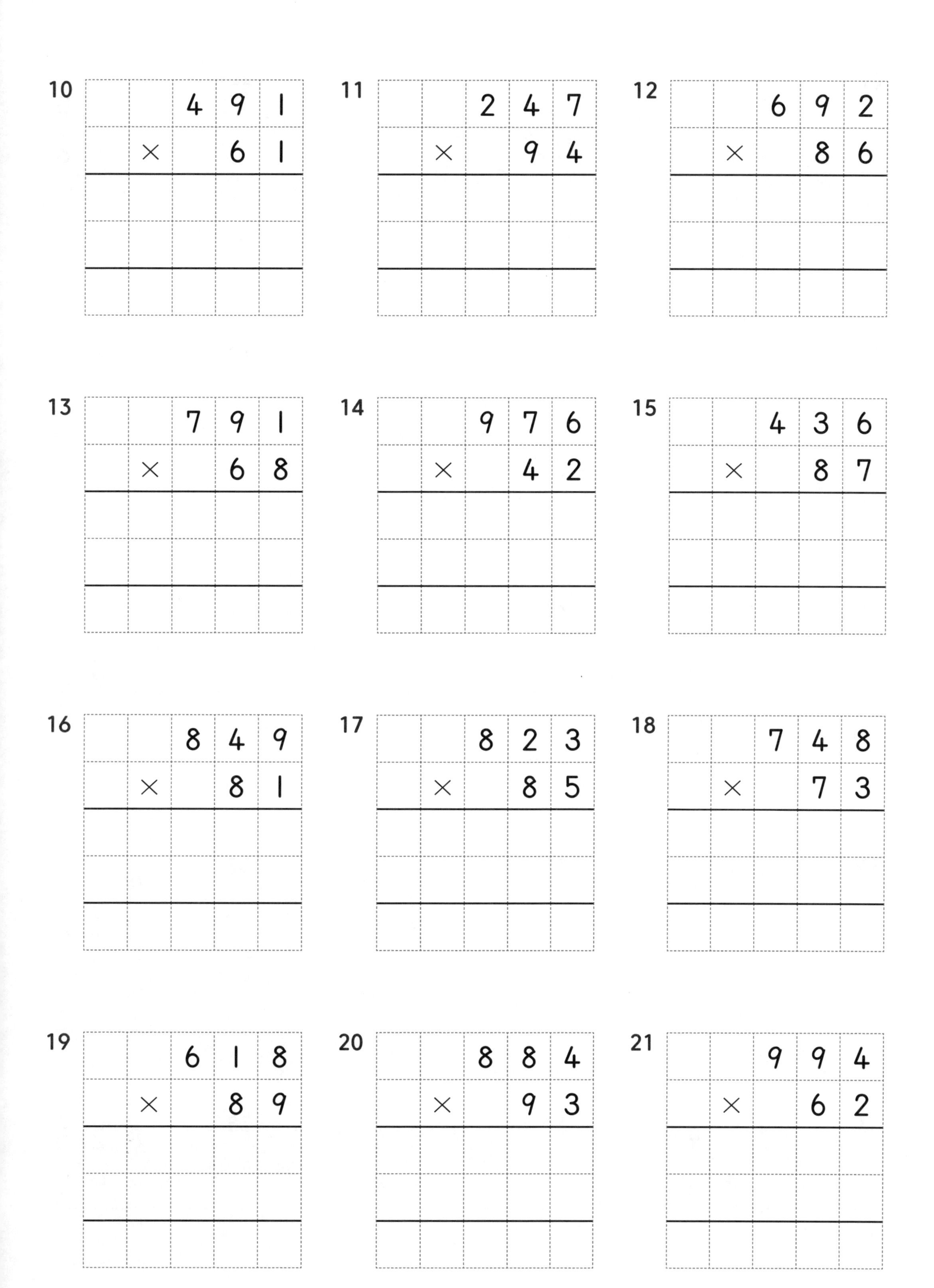
10
4 9 1
× 6 1
11
2 4 7
× 9 4
12
6 9 2
× 8 6
13
7 9 1
× 6 8
14
9 7 6
× 4 2
15
4 3 6
× 8 7
16
8 4 9
× 8 1
17
8 2 3
× 8 5
18
7 4 8
× 7 3
19
6 1 8
× 8 9
20
8 8 4
× 9 3
21
9 9 4
× 6 2

22 $\begin{array}{r} 218 \\ \times \quad 76 \\ \hline \end{array}$

218 × 6, 218 × 70을
계산하고 각각의 곱을 더해요.

23 $\begin{array}{r} 190 \\ \times \quad 38 \\ \hline \end{array}$

24 $\begin{array}{r} 209 \\ \times \quad 62 \\ \hline \end{array}$

25 $\begin{array}{r} 244 \\ \times \quad 16 \\ \hline \end{array}$

26 $\begin{array}{r} 370 \\ \times \quad 81 \\ \hline \end{array}$

27 $\begin{array}{r} 637 \\ \times \quad 65 \\ \hline \end{array}$

28 $\begin{array}{r} 480 \\ \times \quad 73 \\ \hline \end{array}$

29 $\begin{array}{r} 913 \\ \times \quad 37 \\ \hline \end{array}$

30 $\begin{array}{r} 862 \\ \times \quad 68 \\ \hline \end{array}$

31 $\begin{array}{r} 508 \\ \times \quad 22 \\ \hline \end{array}$

32 $\begin{array}{r} 491 \\ \times \quad 34 \\ \hline \end{array}$

33 $\begin{array}{r} 719 \\ \times \quad 83 \\ \hline \end{array}$

34 $\begin{array}{r} 454 \\ \times \quad 38 \\ \hline \end{array}$

35 $\begin{array}{r} 825 \\ \times \quad 57 \\ \hline \end{array}$

36 $\begin{array}{r} 340 \\ \times \quad 84 \\ \hline \end{array}$

37 $\begin{array}{r} 183 \\ \times \quad 97 \\ \hline \end{array}$

38 $\begin{array}{r} 626 \\ \times \quad 59 \\ \hline \end{array}$

39 $\begin{array}{r} 590 \\ \times \quad 73 \\ \hline \end{array}$

40 $\begin{array}{r} 511 \\ \times \quad 94 \\ \hline \end{array}$

41 $\begin{array}{r} 947 \\ \times \quad 19 \\ \hline \end{array}$

42 $\begin{array}{r} 693 \\ \times \quad 52 \\ \hline \end{array}$

43 $\begin{array}{r} 903 \\ \times \quad 67 \\ \hline \end{array}$

44 $\begin{array}{r} 742 \\ \times \quad 26 \\ \hline \end{array}$

45 $\begin{array}{r} 941 \\ \times \quad 78 \\ \hline \end{array}$

46 $\begin{array}{r} 497 \\ \times \quad 42 \\ \hline \end{array}$

47 $\begin{array}{r} 834 \\ \times \quad 93 \\ \hline \end{array}$

48 $\begin{array}{r} 920 \\ \times \quad 92 \\ \hline \end{array}$

49 $\begin{array}{r} 963 \\ \times \quad 74 \\ \hline \end{array}$

50 $\begin{array}{r} 686 \\ \times \quad 71 \\ \hline \end{array}$

선으로 연결된 두 수의 곱을 가운데 빈칸에 써넣으세요.

01

356

57 | | 825

02

98

54 | | 260

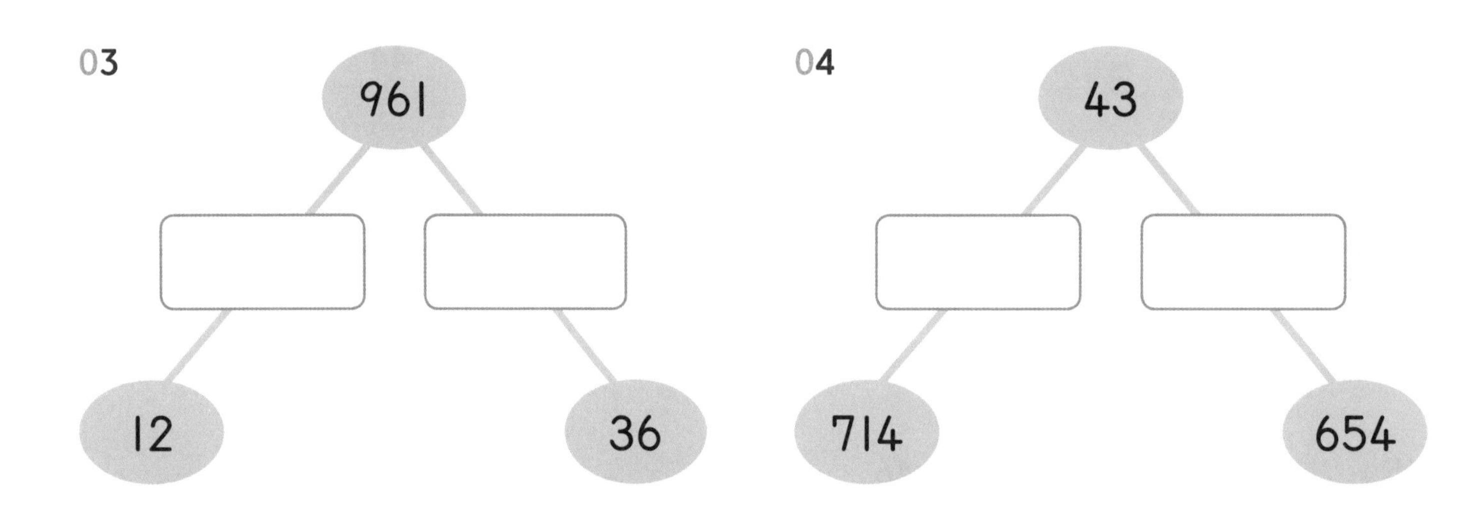

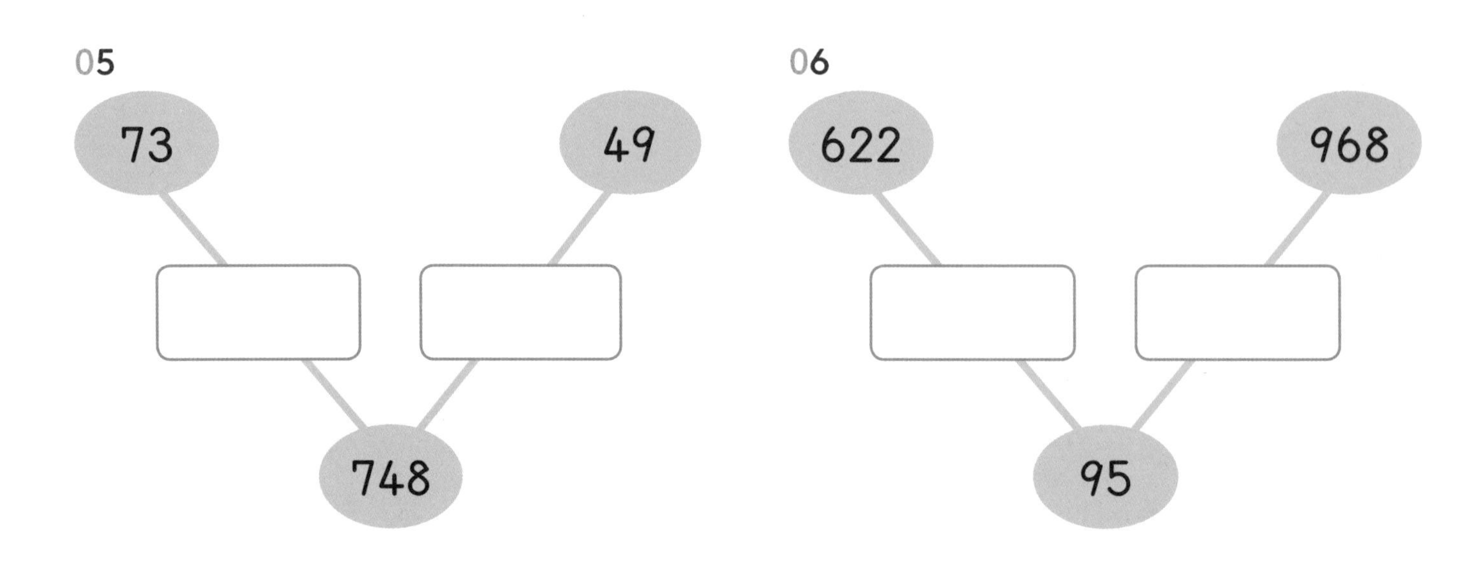

가로 열쇠와 세로 열쇠를 보고 수 퍼즐을 완성해 보세요

①	㉠						㉣	
					⑤			
	②		㉡					
						㉢		
③								
			④					

가로 열쇠

① 335×45

② 965×39

③ 425×52

④ 194×27

⑤ 567×16

세로 열쇠

㉠ 684×78

㉡ 885×69

㉢ 710×28

㉣ 569×83

1에서 배운 연산으로 해결해 봐요!

▶ 주어진 규칙에 맞게 계산하여 빈칸에 알맞은 수를 써넣어 보세요. 규칙

가 ▣ 나 = (가 + 100) × (나 + 10)

01 326 ▣ 55 = (☐ + 100) × (55 + ☐)

= ☐ × ☐ = ☐

02 767 ▣ 41 = (☐ + ☐) × (☐ + ☐)

= ☐ × ☐ = ☐

가 ◎ 나 = (가 − 10) × (나 − 5)

03 723 ◎ 39 = (☐ − ☐) × (☐ − ☐)

= ☐ × ☐ = ☐

04 940 ◎ 63 = (☐ − ☐) × (☐ − ☐)

= ☐ × ☐ = ☐

▶ 파란색 수 카드 중 3장을 뽑아 세 자리 수를 만들고, 노란색 수 카드 중 2장을 뽑아 두 자리 수를 만들어 조건에 맞는 곱셈식을 만들고 곱을 구해 보세요.

곱셈식 만들기

01

파란색: 2 5 6 0

노란색: 7 1 4 8

$\square\square\square \times \square\square = \square$ (곱이 가장 클 때)

$\square\square\square \times \square\square = \square$ (곱이 가장 작을 때)

02

파란색: 3 7 8 5

노란색: 4 6 3 9

$\square\square\square \times \square\square = \square$ (곱이 가장 클 때)

$\square\square\square \times \square\square = \square$ (곱이 가장 작을 때)

03

파란색: 6 1 4 9 3

노란색: 1 5 7 2 4

$\square\square\square \times \square\square = \square$ (곱이 가장 클 때)

$\square\square\square \times \square\square = \square$ (곱이 가장 작을 때)

▶ 이야기들 속에 주어진 조건을 생각하며 식을 세우고 답을 구해 보세요.

01 원호는 매일 줄넘기를 435번씩 하고 있습니다. 원호가 31일 동안 한 줄넘기는 모두 몇 번입니까?

식 답 번

02 어느 과수원에서 사과 563상자를 포장했습니다. 한 상자에 45개씩 담았다면 과수원에서 포장한 사과는 모두 몇 개입니까?

식 답 개

03 선유네 학교 학생은 610명입니다. 학생 한 명당 54개씩 기부 저금통에 동전을 넣었습니다. 저금통에 들어 있는 동전은 모두 몇 개입니까?

식 답 개

04 설탕 한 봉지의 무게가 823g입니다. 이 설탕 85봉지의 무게는 모두 몇 g입니까?

식 답 g

1에서 무엇을 배웠을까요?

(몇백)×(몇십)

$2 \times 3 = 6$

$200 \times 30 = 6000$

두 수의 0의 개수의 합이 3개이므로 0을 3개 붙여요.

$3 \times 5 = 15$

$300 \times 50 = 15000$

두 수의 0의 개수의 합이 3개이므로 0을 3개 붙여요.

(세 자리 수)×(몇십)

124×4의 계산 결과에 0을 1개 붙여요.

$124 \times 40 = 4960$

124×4

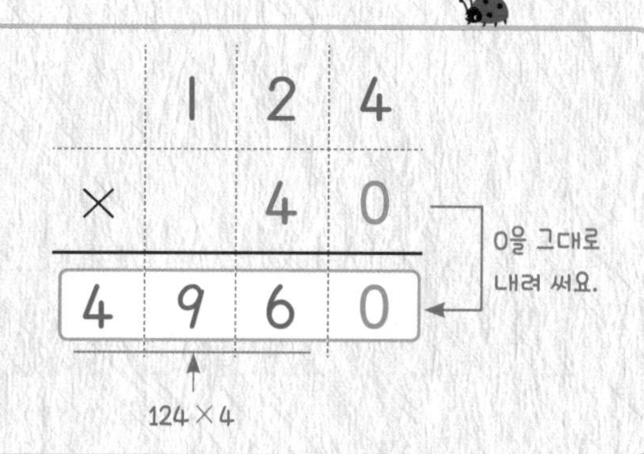

(세 자리 수)×(두 자리 수)

$$\begin{array}{r} 213 \\ \times \ \ 14 \\ \hline 852 \\ 213\textcircled{0} \\ \hline 2982 \end{array}$$

213×4 → 852

213×10 → 2130

852+2130 → 2982

일의 자리 0은 생략하고 쓰지 않아도 돼요.

$213 \times 14 = 2130 + 852 = 2982$

원리가 쏙쏙
01
적용이 척척
02
풀이가 술술
03
실력이 쑥쑥
04

2

나눗셈

4 몇십으로 나누기 (1)

몇십으로 나누는 방법을 알아보아요.

1 (몇백몇십)÷(몇십)

150÷30을 계산해 보아요.

$15 \div 3 = 5$

10배 / 10배 / 같아요.

$150 \div 30 = 5$

나누어지는 수와 나누는 수가 모두 10배가 되면 몫은 같아요.

$$\begin{array}{r} 5 \\ 30\overline{)150} \\ 150 \\ \hline 0 \end{array}$$

5 ← 몫

150 ← 나누어지는 수

30 ← 나누는 수

150 ← 30×5

2 (두 자리 수)÷(몇십)

68÷20을 계산해 보아요.

$$\begin{array}{r} 3 \\ 20\overline{)68} \\ 60 \\ \hline 8 \end{array}$$

60 ← 20×3

$20 \times 2 = 40$

$20 \times 3 = 60$

$20 \times 4 = 80$

나누는 수 20과 곱했을 때 68보다 크지 않고 68에 가장 가까운 수를 만드는 수가 몫이 돼요.

$68 \div 20 = 3 \cdots 8$ (3: 몫, 8: 나머지)

확인하기 → $20 \times 3 = 60$, $60 + 8 = 68$

확인하는 식의 결과가 나누어지는 수와 같으면 맞게 계산한 거예요.

자리에 맞추어 몇십으로 나누기를 계산해 보세요.

01 (몇백몇십)÷(몇십)

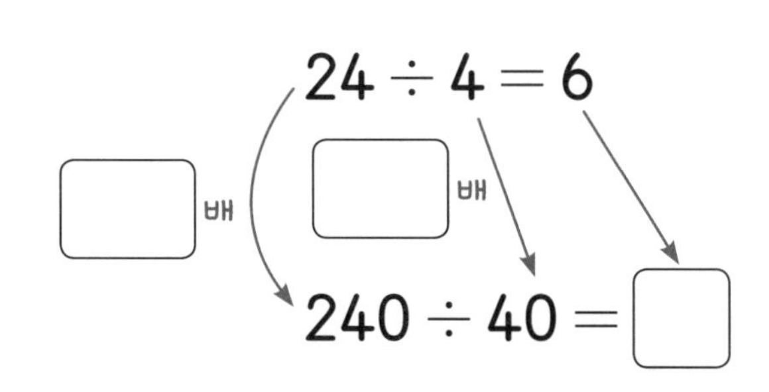

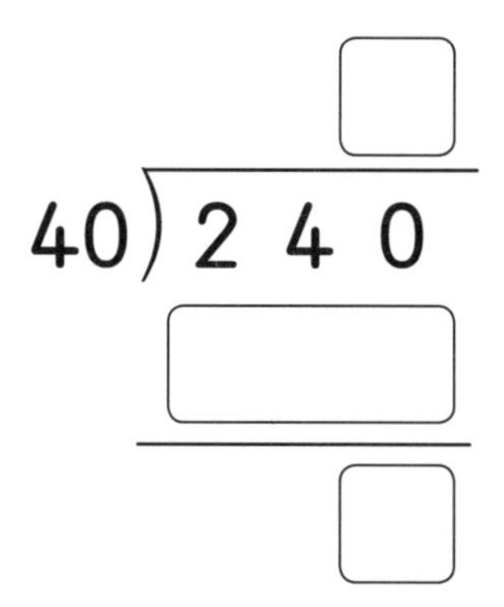

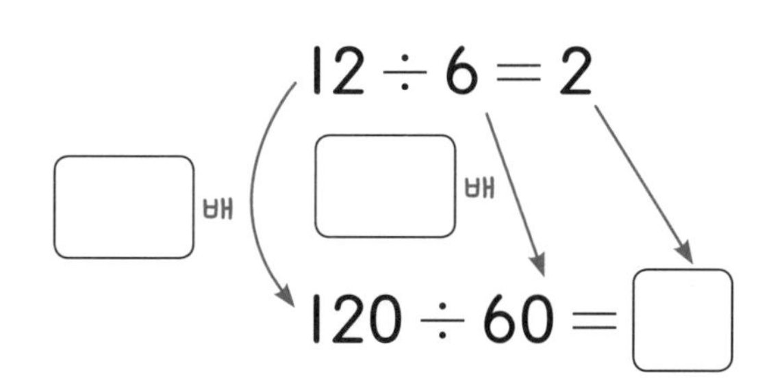

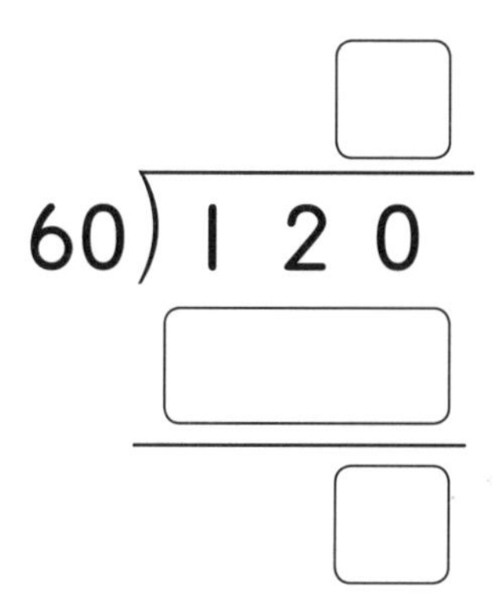

02 (두 자리 수)÷(몇십)

30)4 5
3 0 ← 30 × □

45 ÷ 30 = □ … □

20)5 3

53 ÷ 20 = □ … □

몇 배를 이용하여 (몇백몇십)÷(몇십)을 해 보세요.

01 $14 \div 2 = \square$

10배 10배

$140 \div 20 = \square$

02 $24 \div 3 = \square$

10배 10배

$240 \div 30 = \square$

03 $18 \div 6 = \square$

$180 \div 60 = \square$

04 $32 \div 8 = \square$

$320 \div 80 = \square$

05 $25 \div 5 = \square$

$250 \div 50 = \square$

06 $48 \div 6 = \square$

$480 \div 60 = \square$

07 $54 \div 9 = \square$

$540 \div 90 = \square$

08 $49 \div 7 = \square$

$490 \div 70 = \square$

09 $63 \div 7 = \square$

$630 \div 70 = \square$

10 $72 \div 8 = \square$

$720 \div 80 = \square$

(두 자리 수)÷(몇십)을 하여 빈칸을 채워 보세요.

01

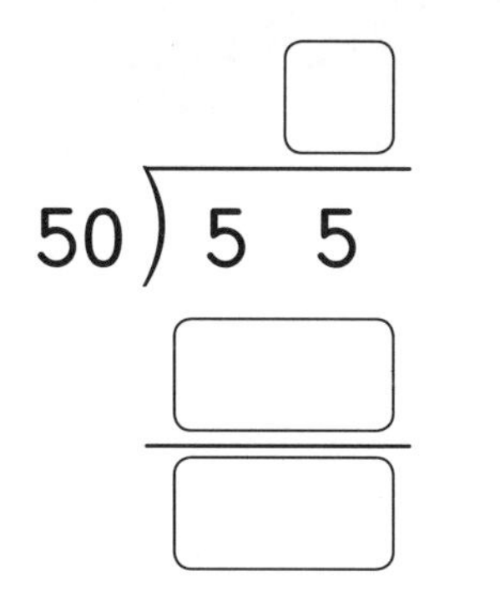

$55 \div 50 = \square \cdots \square$

02

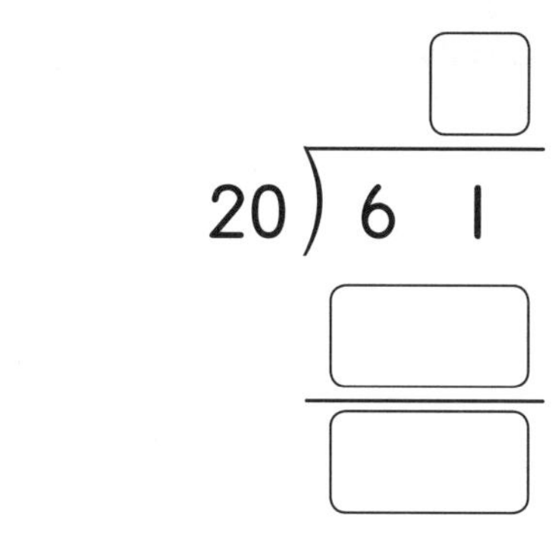

$61 \div 20 = \square \cdots \square$

03

70) 8 8

$88 \div 70 = \square \cdots \square$

04

40) 8 6

$86 \div 40 = \square \cdots \square$

05

50) 7 1

$71 \div 50 = \square \cdots \square$

06

30) 7 6

$76 \div 30 = \square \cdots \square$

멸십으로 나누기를 자리에 맞추어 해 보세요.

01 $320 \div 80 =$

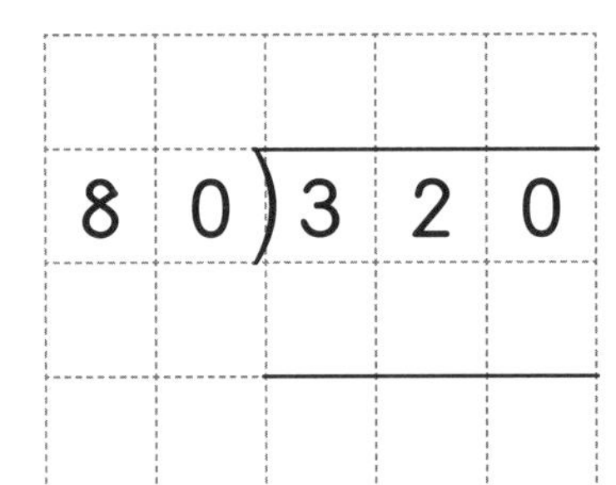

02 $120 \div 60 =$

03 $210 \div 30 =$

04 $450 \div 90 =$

05 $420 \div 70 =$

06 $630 \div 90 =$

07 $560 \div 80 =$

08 $640 \div 80 =$

09 $810 \div 90 =$

10 $51 \div 40 =$ ⋯

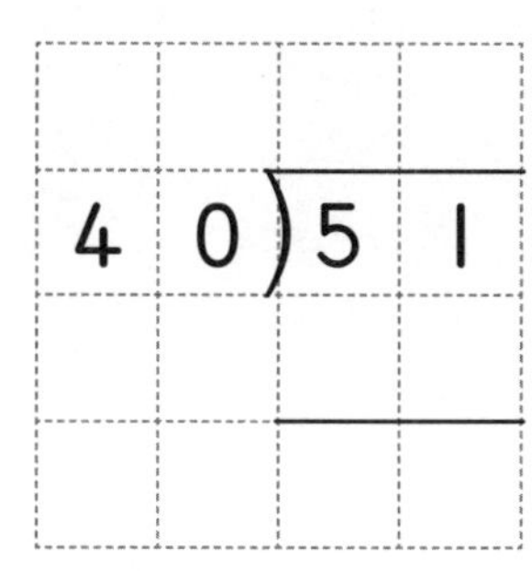

11 $34 \div 20 =$

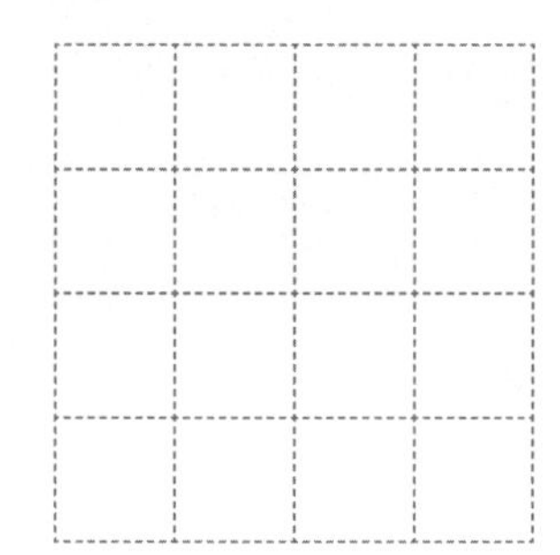

12 $62 \div 60 =$

13 $48 \div 30 =$

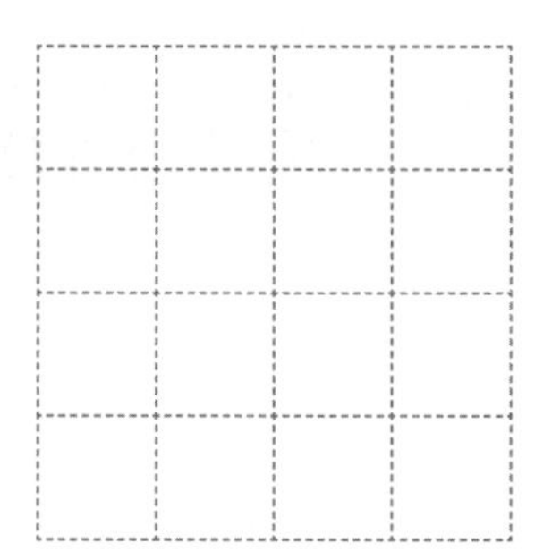

14 $59 \div 20 =$

15 $75 \div 30 =$

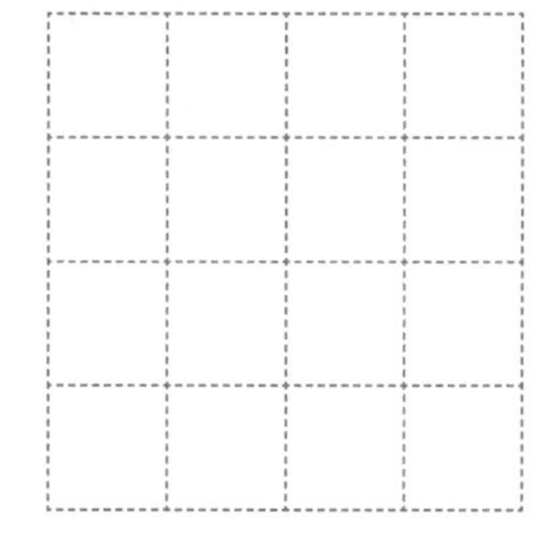

16 $91 \div 30 =$

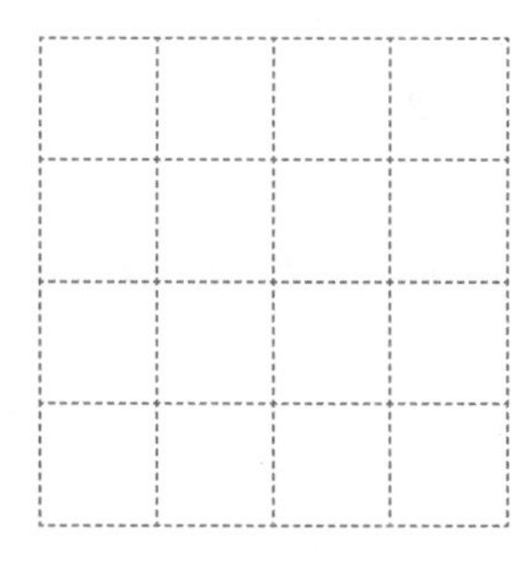

17 $85 \div 70 =$

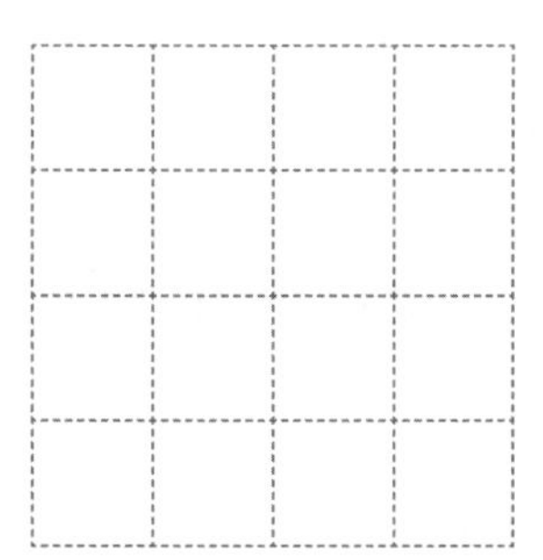

18 $93 \div 20 =$

19 $67 \div 20 =$

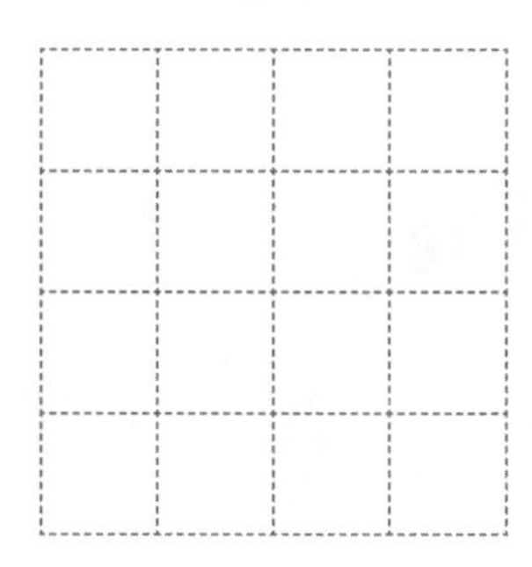

20 $83 \div 20 =$

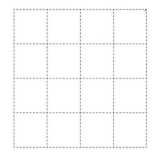

21 $71 \div 20 =$

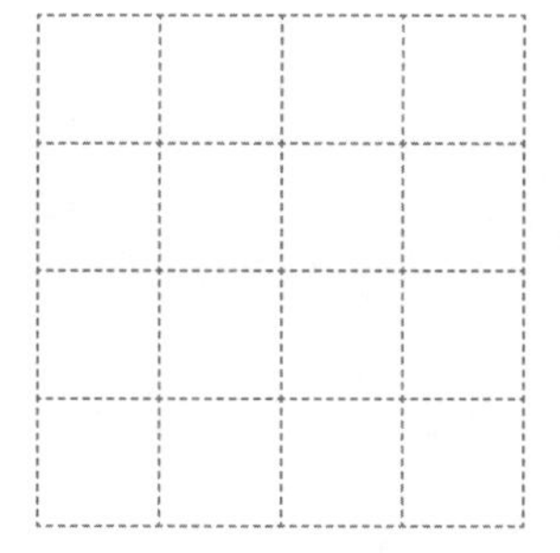

멸십으로 나누기를 세로셈으로 해 보세요.

01

$50\overline{)350}$

02

$70\overline{)560}$

03

$30\overline{)240}$

04

$70\overline{)490}$

05

$20\overline{)160}$

06

$90\overline{)540}$

07

$50\overline{)250}$

08

$30\overline{)270}$

09

$80\overline{)560}$

10

$90\overline{)630}$

11

$80\overline{)480}$

12

$70\overline{)280}$

13

$80\overline{)320}$

14

$60\overline{)420}$

15

$70\overline{)630}$

16

$40\overline{)360}$

17

$90\overline{)450}$

18

$90\overline{)720}$

19

$20 \overline{)\ 72}$

20

$30 \overline{)\ 35}$

21

$40 \overline{)\ 46}$

22

$40 \overline{)\ 84}$

23

$30 \overline{)\ 96}$

24

$20 \overline{)\ 44}$

25

$60 \overline{)\ 77}$

26

$50 \overline{)\ 75}$

27

$30 \overline{)\ 64}$

28

$40 \overline{)\ 85}$

29

$30 \overline{)\ 93}$

30

$30 \overline{)\ 49}$

31

$30 \overline{)\ 63}$

32

$20 \overline{)\ 54}$

33

$20 \overline{)\ 75}$

34

$20 \overline{)\ 91}$

35

$20 \overline{)\ 82}$

36

$60 \overline{)\ 99}$

37

$20 \overline{)\ 57}$

38

$20 \overline{)\ 78}$

39

$40 \overline{)\ 98}$

나눗셈을 하여 빈칸에 알맞은 수를 써넣으세요.

01

÷ 20

180	
140	

02

÷ 40

160	
320	

03

÷ 30

120	
	5
210	

04

÷ 80

160	
	3
480	

05

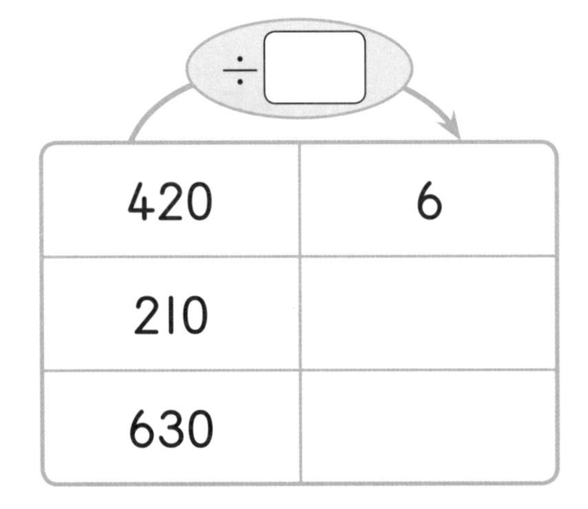

÷ □

420	6
210	
630	

06

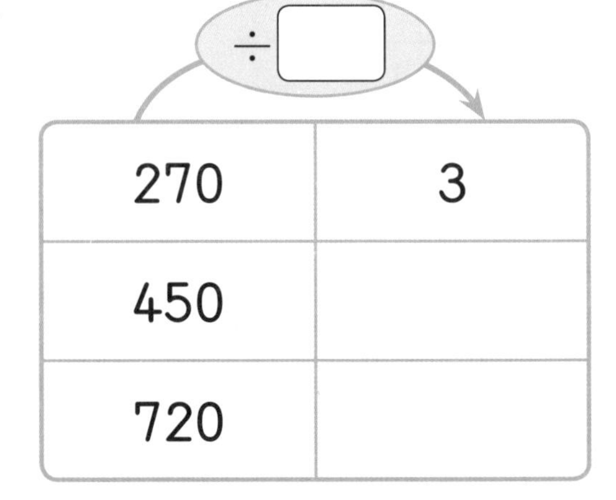

÷ □

270	3
450	
720	

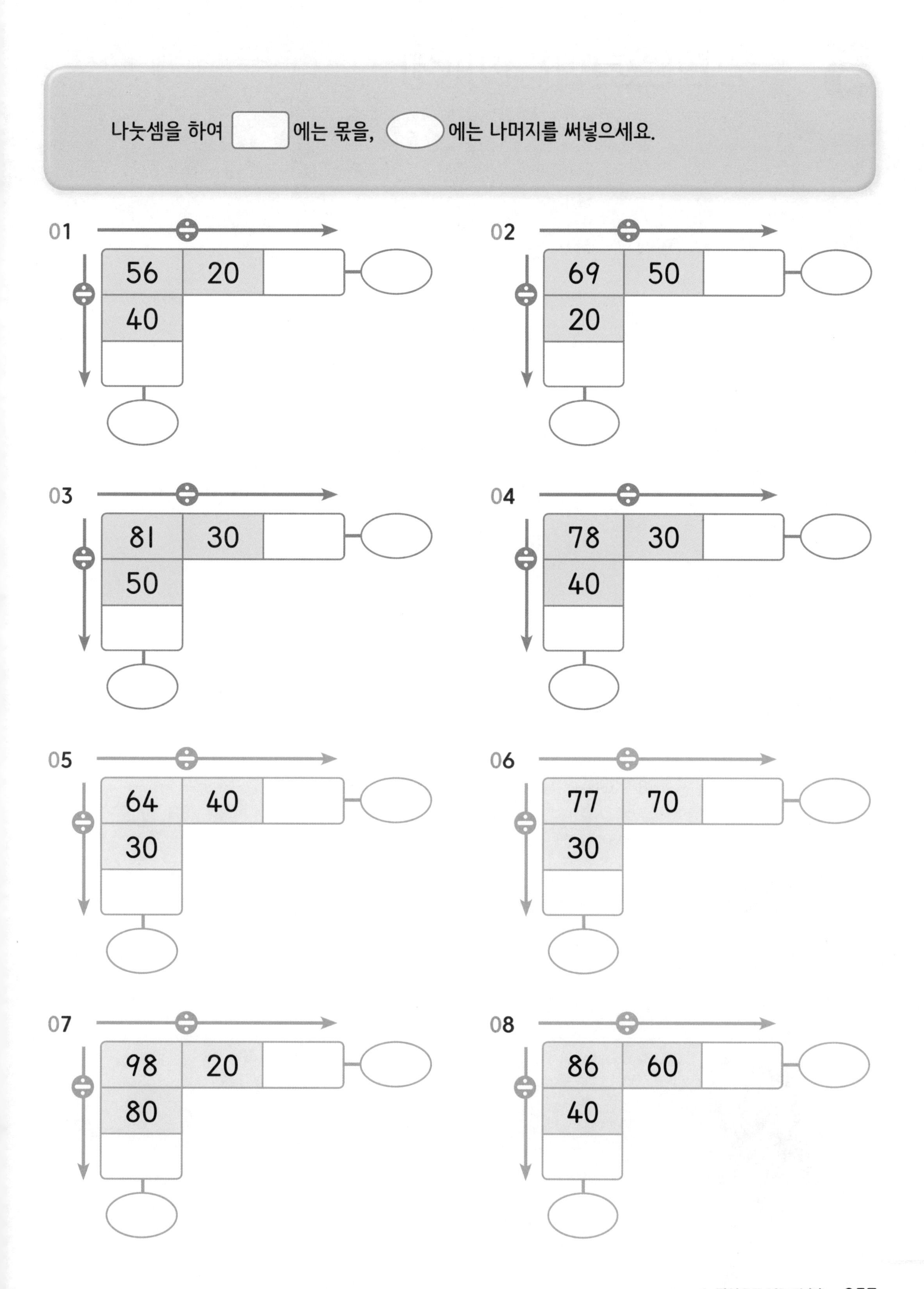
나눗셈을 하여 에는 몫을, 에는 나머지를 써넣으세요.
01
56
20
40
02
69
50
20
03
81
30
50
04
78
30
40
05
64
40
30
06
77
70
30
07
98
20
80
08
86
60
40

몇십으로 나누기 (2)

세 자리 수를 몇십으로 나눌 때에는 구구단을 이용하여 몫을 정할 수 있어요.

1 (세 자리 수)÷(몇십) — 몫이 한 자리 수인 경우

248÷60을 계산해 보아요.

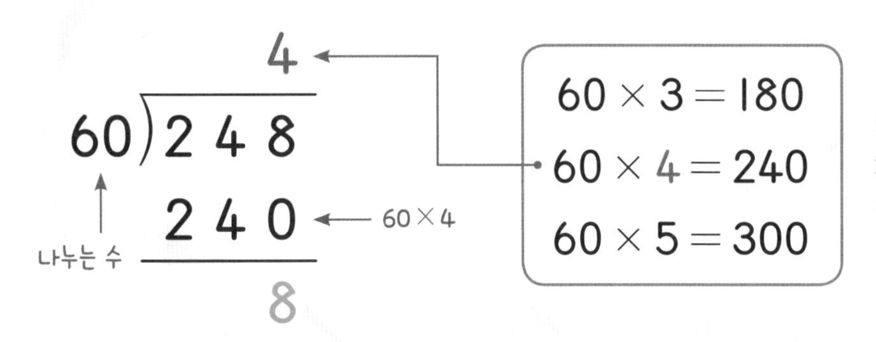

나누는 수 60과 곱했을 때, 248보다 크지 않으며 248에 가장 가까운 수를 만드는 수가 몫이 돼요.

248÷60=4…8

몫 나머지

나머지는 반드시 나누는 수보다 작아야 해요.

확인하기 60×4=240, 240+8=248

(세 자리 수)÷(몇십)의 몫을 찾고, 나눗셈을 정확히 했는지 확인해 보세요.

01 (세 자리 수)÷(몇십)

$40\overline{)215}$

$40 \times 4 = \square$

$40 \times 5 = \square$

$40 \times 6 = \square$

$215 \div 40 = \square \cdots \square$

확인하기 $40 \times \square = \square$, $\square + \square = \square$

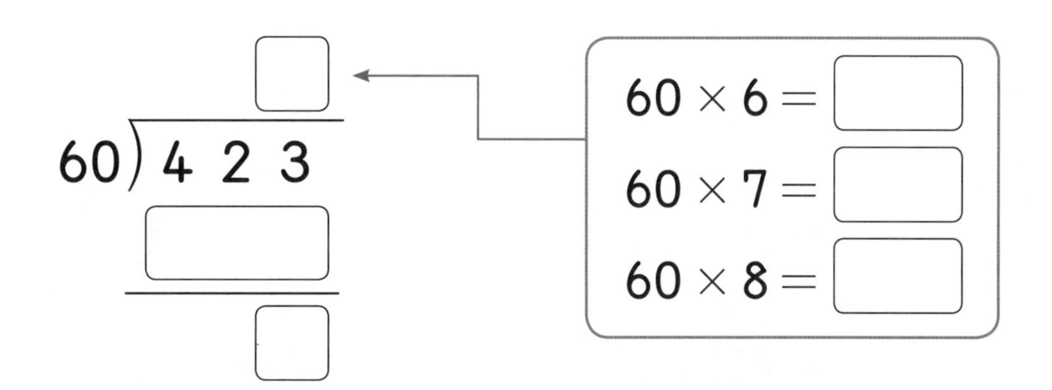

$60\overline{)423}$

$60 \times 6 = \square$

$60 \times 7 = \square$

$60 \times 8 = \square$

$423 \div 60 = \square \cdots \square$

확인하기 $60 \times \square = \square$, $\square + \square = \square$

(세 자리 수)÷(몇십)을 자리에 맞추어 계산해 보세요.

01 275÷80=

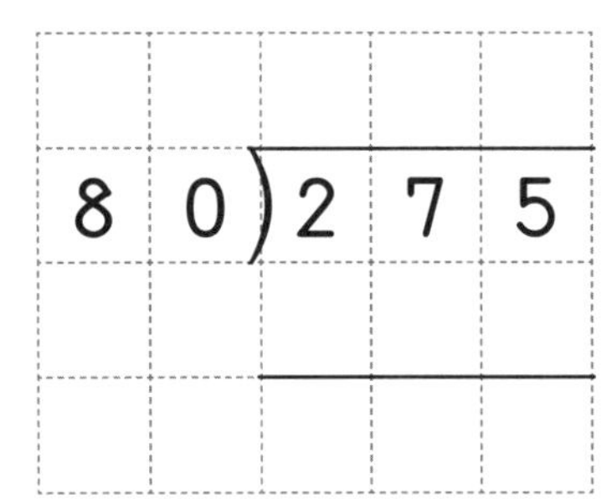

02 303÷50=

03 227÷40=

04 489÷60=

05 493÷50=

06 615÷80=

07 536÷60=

08 621÷70=

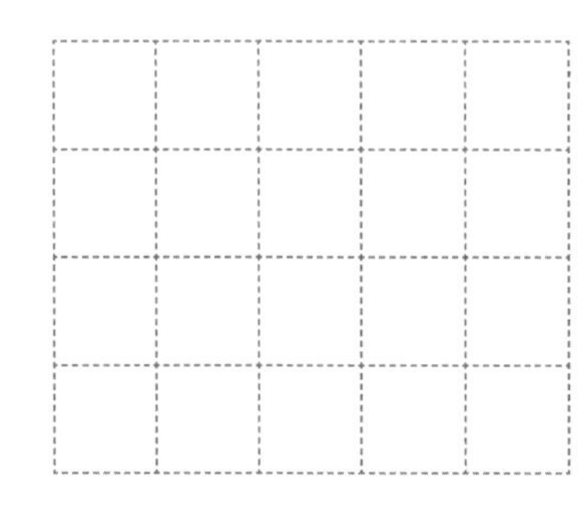

09 281÷30=

10 $615 \div 90 =$

11 $852 \div 90 =$

12 $447 \div 60 =$

13 $735 \div 80 =$

14 $372 \div 40 =$

15 $524 \div 80 =$

16 $446 \div 50 =$

17 $772 \div 90 =$

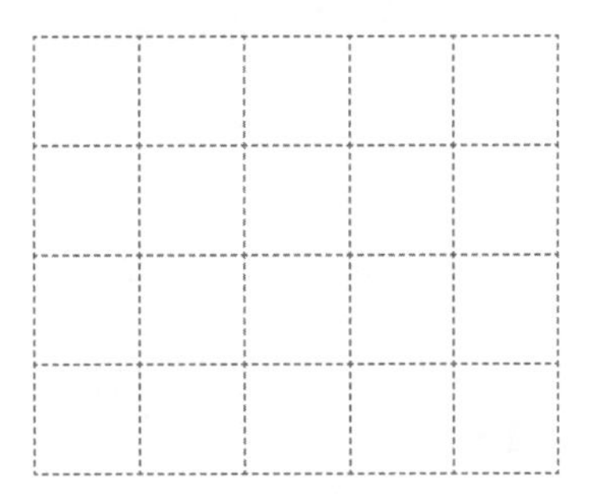

18 $671 \div 70 =$

19 $161 \div 40 =$

20 $354 \div 40 =$

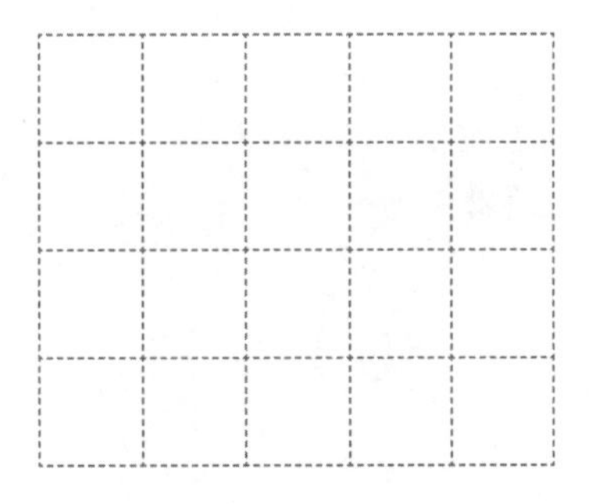

21 $572 \div 60 =$

(세 자리 수)÷(몇십)을 세로셈으로 해 보세요.

01

$30\overline{)196}$

02

$40\overline{)285}$

03

$50\overline{)408}$

04

$70\overline{)421}$

05

$40\overline{)393}$

06

$30\overline{)183}$

07

$60\overline{)492}$

08

$70\overline{)638}$

09

$50\overline{)454}$

10

$60\overline{)502}$

11

$50\overline{)276}$

12

$90\overline{)466}$

13

$90\overline{)826}$

14

$80\overline{)771}$

15

$60\overline{)328}$

16

$50\overline{)225}$

17

$40\overline{)345}$

18

$70\overline{)259}$

19

$80\overline{)517}$

20

$60\overline{)411}$

21

$70\overline{)658}$

22

$40\overline{)319}$

23

$60\overline{)527}$

24

$80\overline{)718}$

25

$30\overline{)294}$

26

$90\overline{)657}$

27

$40\overline{)356}$

28

$80\overline{)739}$

29

$80\overline{)661}$

30

$30\overline{)298}$

31

$60\overline{)534}$

32

$90\overline{)825}$

33

$70\overline{)619}$

나눗셈을 하여 몫이 더 작은 것에 ○ 해 보세요.

01

$30\overline{)225}$　　$50\overline{)475}$

02

$20\overline{)145}$　　$70\overline{)452}$

03

$618 \div 80$　　$519 \div 80$

04

$221 \div 30$　　$739 \div 90$

05

$70\overline{)542}$　　$90\overline{)824}$

06

$422 \div 90$　　$341 \div 60$

07

$171 \div 20$　　$302 \div 40$

08

$90\overline{)893}$　　$80\overline{)636}$

나눗셈을 하여 나머지가 같은 수를 찾아 ○ 해 보세요.

01

$20\overline{)192}$ $70\overline{)362}$ $50\overline{)263}$

02

$30\overline{)225}$ $70\overline{)156}$ $60\overline{)376}$

03

$60\overline{)546}$ $60\overline{)428}$ $636 \div 70$

04

$80\overline{)663}$ $273 \div 50$ $149 \div 40$

05

$419 \div 90$ $232 \div 60$ $612 \div 70$

06

$789 \div 80$ $346 \div 70$ $559 \div 70$

(두 자리 수)÷(두 자리 수)

두 자리 수를 몇십몇으로 나누는 방법을 알아보아요.

1 (두 자리 수)÷(두 자리 수)

49÷13을 계산해 보아요.

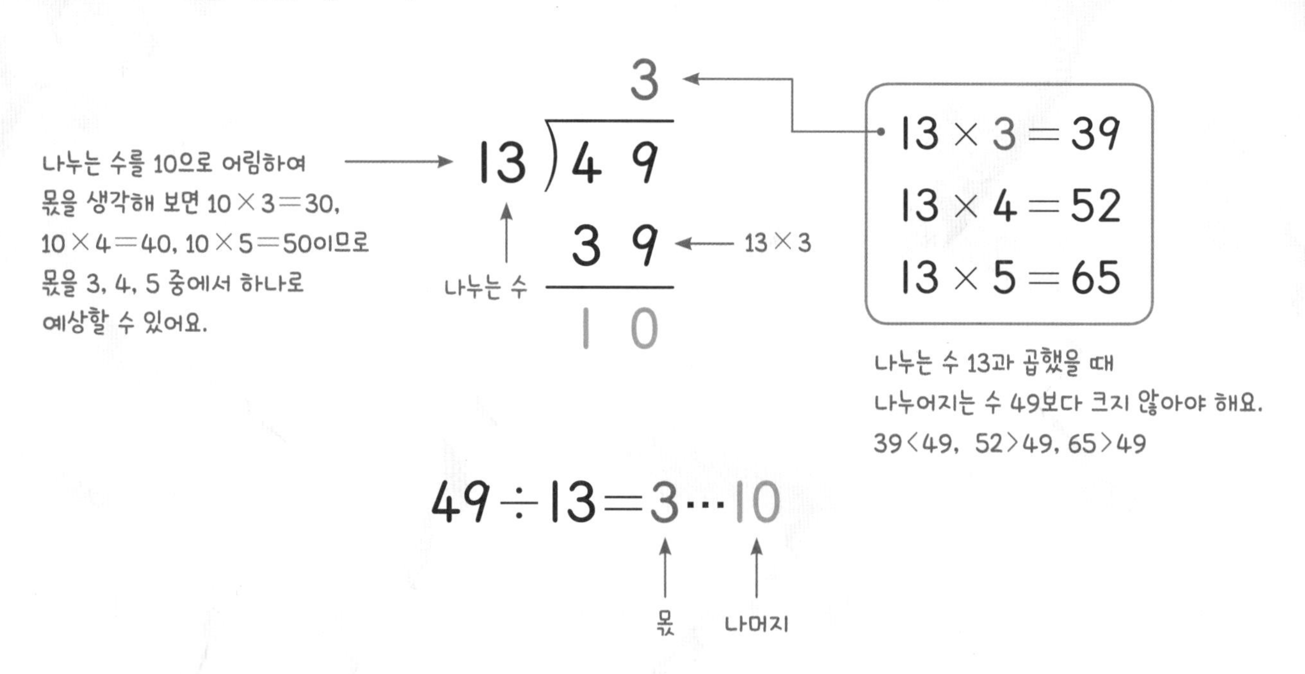

나누는 수를 10으로 어림하여 몫을 생각해 보면 10×3=30, 10×4=40, 10×5=50이므로 몫을 3, 4, 5 중에서 하나로 예상할 수 있어요.
3
13) 4 9
3 9
1 0
나누는 수
13×3
13×3=39
13×4=52
13×5=65
나누는 수 13과 곱했을 때 나누어지는 수 49보다 크지 않아야 해요.
39<49, 52>49, 65>49
49÷13=3···10
몫
나머지

97÷17을 계산해 보아요.

$$\begin{array}{r} 5 \\ 17\overline{)\,97} \\ 85 \\ \hline 12 \end{array}$$

나누는 수를 20으로 어림하여 몫을 생각해 보면 20×4=80, 20×5=100, 20×6=120이므로 몫을 4, 5, 6 중에서 하나로 예상할 수 있어요.

나누는 수: 17, 17×5=85

- 17×4=68
- 17×5=85
- 17×6=102

$68<97$ 이지만 97에 가장 가까우면서 크지 않아야 하므로 $85<97$이 되는 5를 몫으로 정해야 해요.

97÷17=5···12

(몫: 5, 나머지: 12)

(두 자리 수)÷(두 자리 수)의 몫을 찾아 계산해 보세요.

01 (두 자리 수)÷(두 자리 수)

$15\overline{)45}$ → □, □, □

$15 \times 2 =$ □

$15 \times 3 =$ □

$15 \times 4 =$ □

$45 \div 15 =$ □

$13\overline{)63}$ → □, □, □

$13 \times 4 =$ □

$13 \times 5 =$ □

$13 \times 6 =$ □

$63 \div 13 =$ □ ⋯ □

$26\overline{)77}$ → □, □, □

$26 \times 2 =$ □

$26 \times 3 =$ □

$26 \times 4 =$ □

$77 \div 26 =$ □ ⋯ □

나머지가 없는 (두 자리 수)÷(두 자리 수)를 자리에 맞추어 계산해 보세요.

01 $42 \div 14 =$

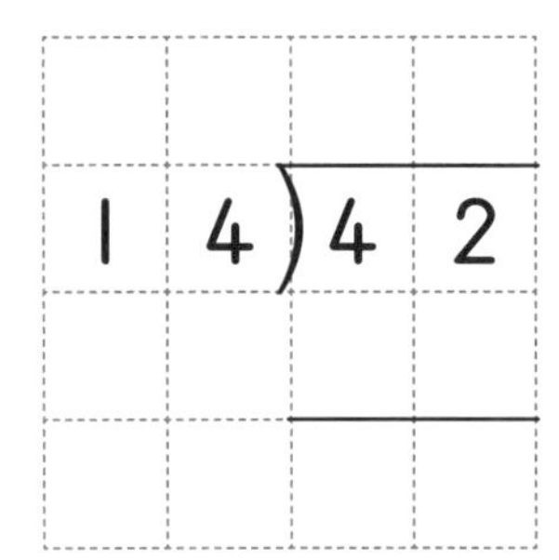

02 $56 \div 14 =$

03 $36 \div 12 =$

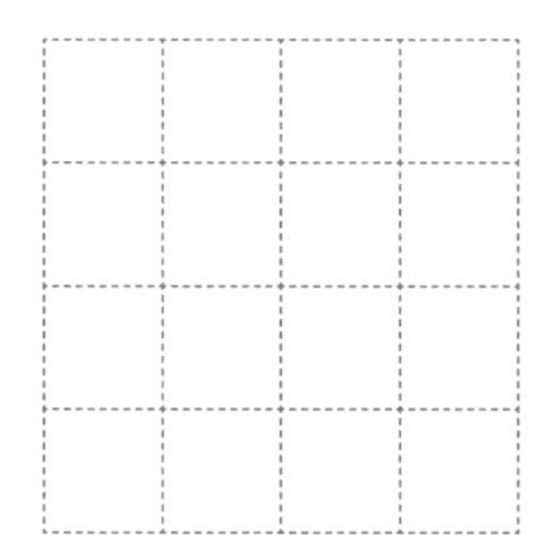

04 $77 \div 11 =$

05 $60 \div 15 =$

06 $88 \div 22 =$

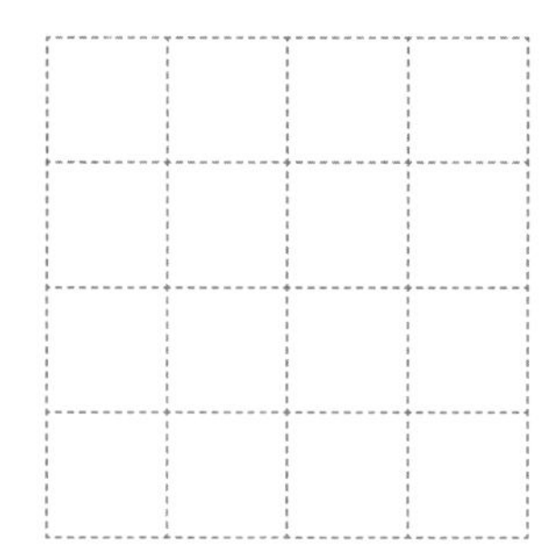

07 $48 \div 16 =$

08 $75 \div 15 =$

09 $84 \div 14 =$

10 $68 \div 17 =$

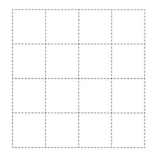

11 $86 \div 43 =$

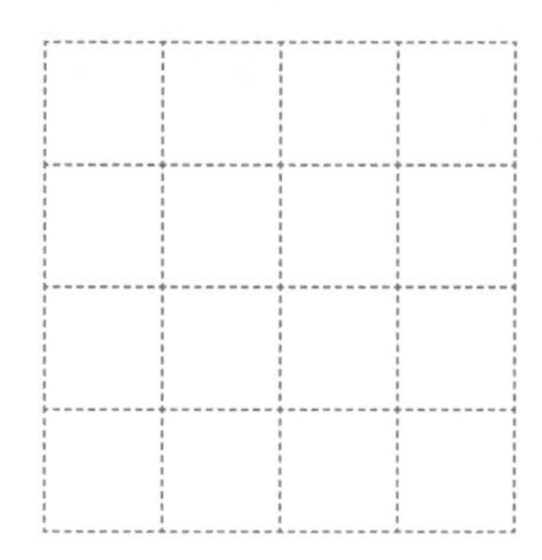

12 $94 \div 47 =$

13 $72 \div 18 =$

14 $92 \div 23 =$

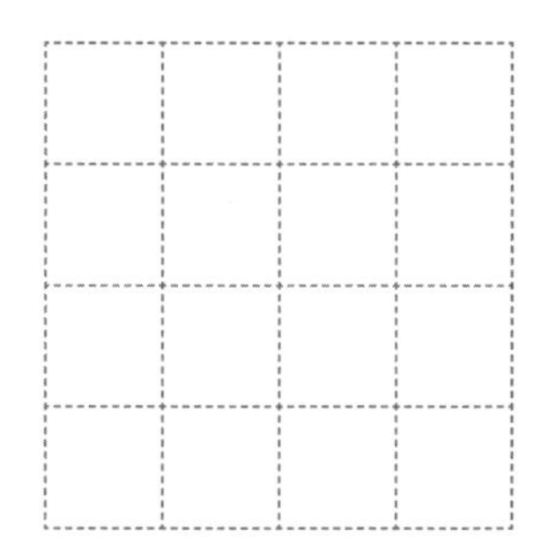

15 $90 \div 15 =$

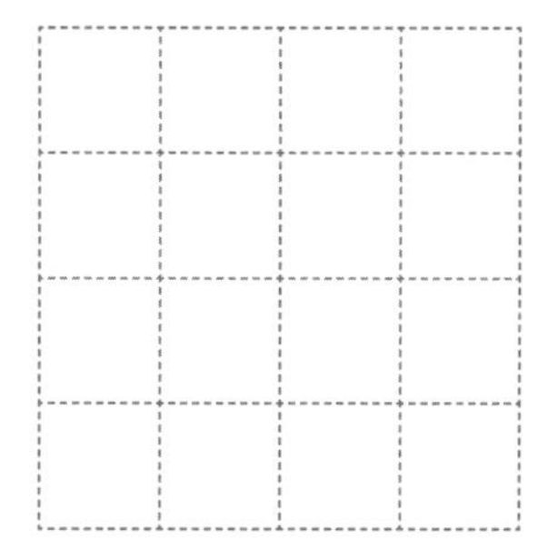

16 $54 \div 18 =$

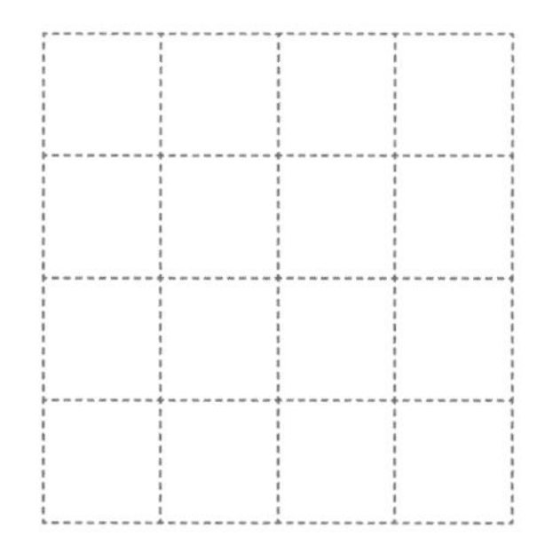

17 $85 \div 17 =$

18 $72 \div 12 =$

19 $96 \div 12 =$

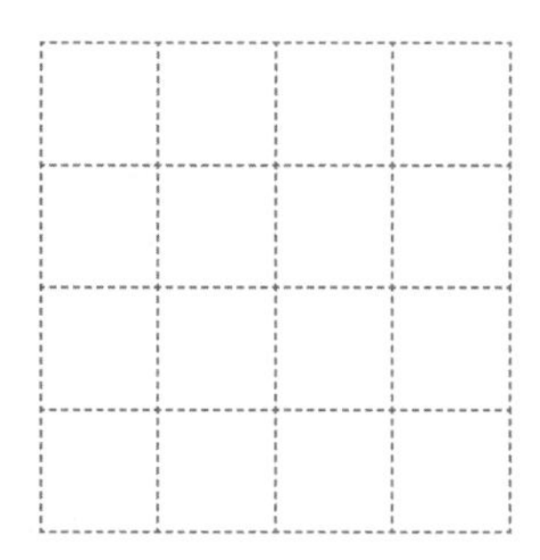

20 $75 \div 25 =$

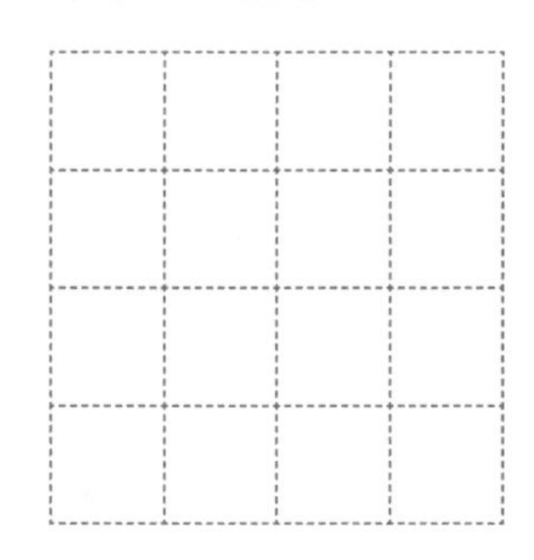

21 $84 \div 28 =$

나머지가 있는 (두 자리 수)÷(두 자리 수)를 자리에 맞추어 계산해 보세요.

01 $51 \div 12 =$ $\cdots$

02 $43 \div 37 =$

03 $41 \div 15 =$

04 $57 \div 13 =$

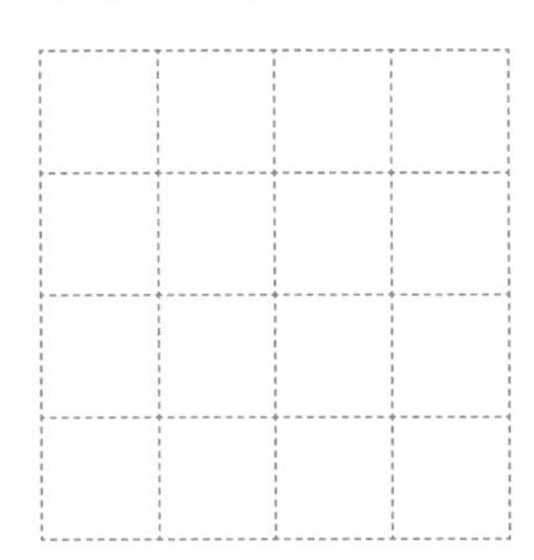

05 $49 \div 23 =$

06 $33 \div 15 =$

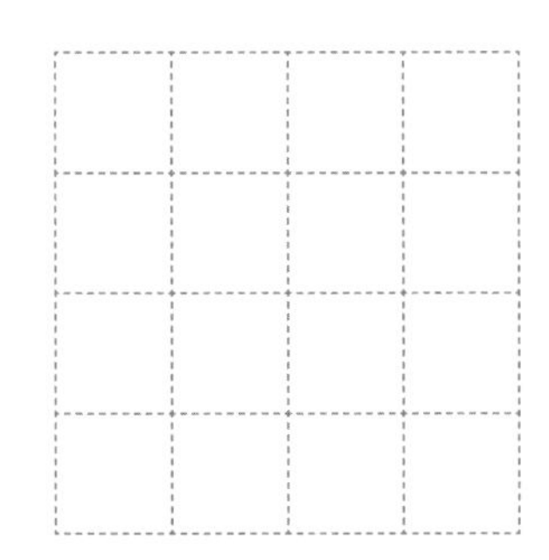

07 $49 \div 17 =$

08 $63 \div 16 =$

09 $49 \div 15 =$

10 $78 \div 36 =$

11 $69 \div 32 =$

12 $50 \div 12 =$

13 $81 \div 18 =$

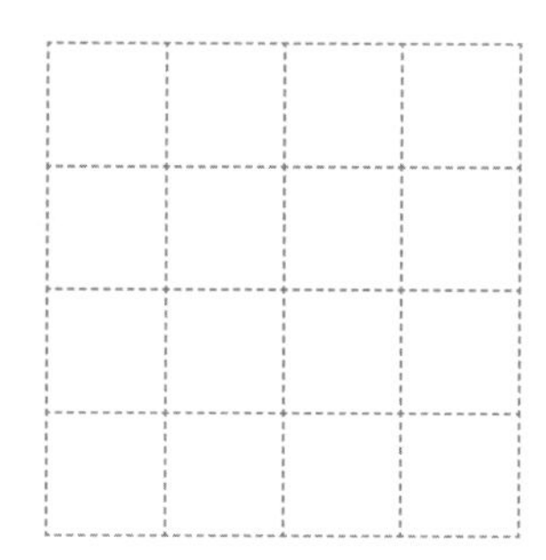

14 $78 \div 34 =$

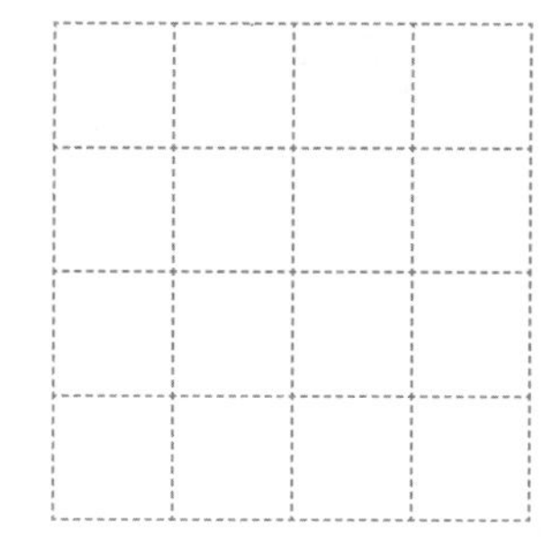

15 $97 \div 17 =$

16 $86 \div 27 =$

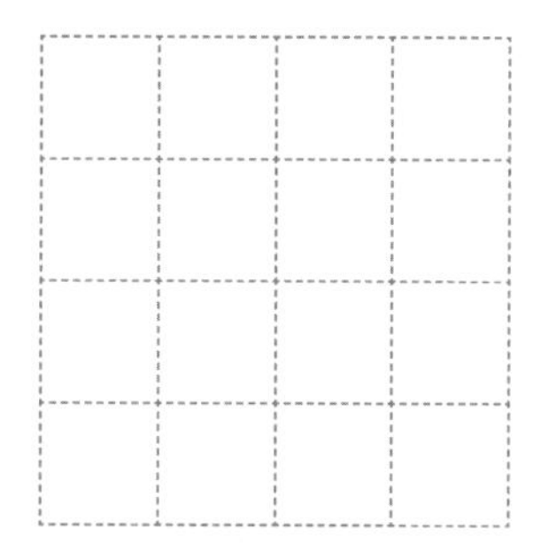

17 $61 \div 24 =$

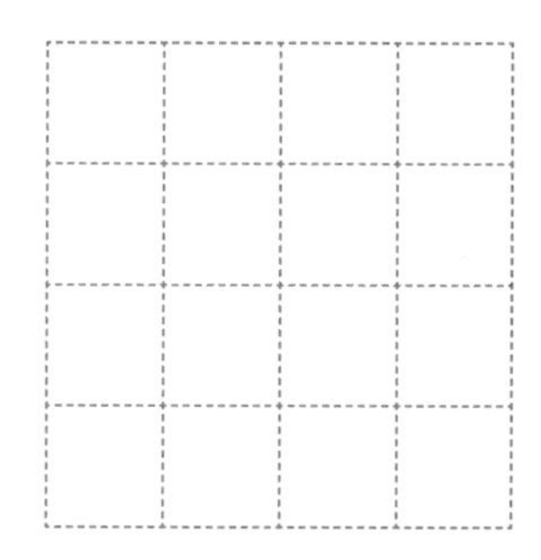

18 $52 \div 14 =$

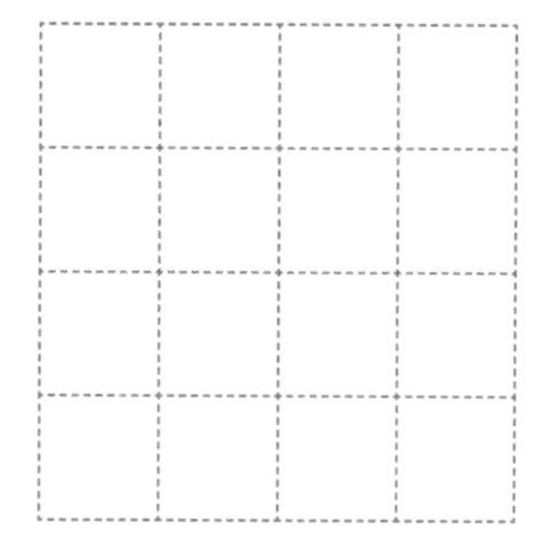

19 $74 \div 17 =$

20 $90 \div 41 =$

21 $71 \div 32 =$

22 $98 \div 24 =$

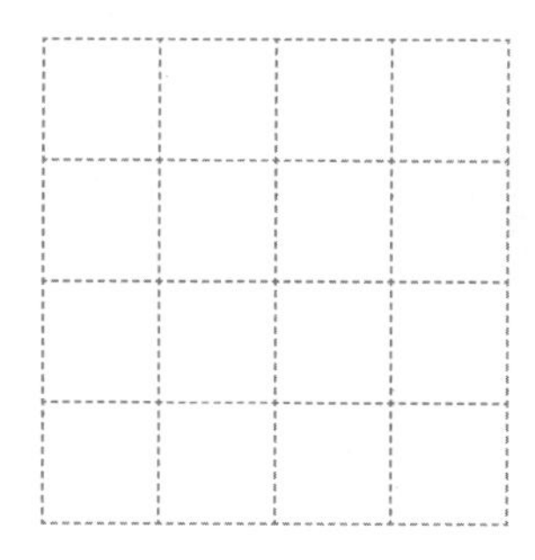

23 $86 \div 33 =$

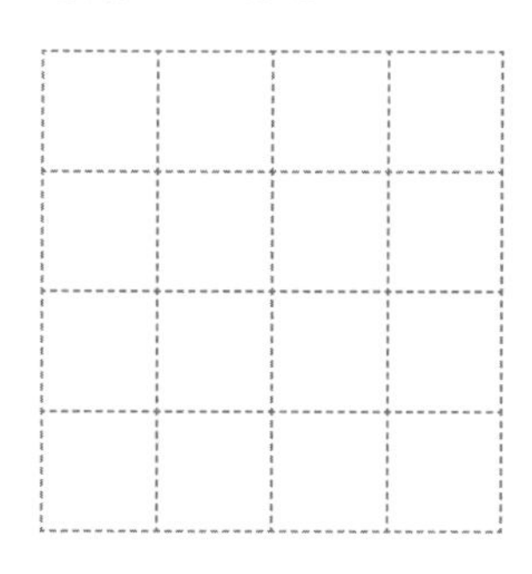

24 $91 \div 37 =$

(두 자리 수)÷(두 자리 수)를 세로셈으로 해 보세요.

01

$12\overline{)\,24}$

02

$11\overline{)\,44}$

03

$14\overline{)\,42}$

04

$14\overline{)\,17}$

05

$25\overline{)\,35}$

06

$13\overline{)\,38}$

07

$15\overline{)\,60}$

08

$16\overline{)\,48}$

09

$22\overline{)\,66}$

10

$54\overline{)\,67}$

11

$22\overline{)\,49}$

12

$24\overline{)\,41}$

13

$13\overline{)\,65}$

14

$43\overline{)\,86}$

15

$16\overline{)\,64}$

16

$14\overline{)63}$

17

$18\overline{)58}$

18

$27\overline{)78}$

19

$13\overline{)70}$

20

$25\overline{)67}$

21

$15\overline{)58}$

22

$38\overline{)76}$

23

$24\overline{)96}$

24

$39\overline{)78}$

25

$11\overline{)99}$

26

$16\overline{)80}$

27

$14\overline{)98}$

28

$34\overline{)78}$

29

$29\overline{)67}$

30

$14\overline{)48}$

31

$13\overline{)59}$

32

$29\overline{)88}$

33

$15\overline{)95}$

34

$13\overline{)\,78}$

35

$19\overline{)\,57}$

36

$24\overline{)\,72}$

37

$28\overline{)\,45}$

38

$24\overline{)\,52}$

39

$32\overline{)\,66}$

40

$13\overline{)\,71}$

41

$29\overline{)\,58}$

42

$31\overline{)\,68}$

43

$12\overline{)\,72}$

44

$25\overline{)\,86}$

45

$17\overline{)\,68}$

46

$34\overline{)\,98}$

47

$17\overline{)\,87}$

48

$26\overline{)\,78}$

49

$23\overline{)\,92}$

50

$18\overline{)\,91}$

51

$21\overline{)\,66}$

52

$16\overline{)58}$

53

$17\overline{)76}$

54

$12\overline{)57}$

55

$15\overline{)82}$

56

$16\overline{)95}$

57

$12\overline{)90}$

58

$17\overline{)85}$

59

$42\overline{)84}$

60

$25\overline{)75}$

61

$26\overline{)92}$

62

$19\overline{)63}$

63

$14\overline{)99}$

64

$13\overline{)64}$

65

$23\overline{)79}$

66

$24\overline{)92}$

67

$14\overline{)84}$

68

$13\overline{)91}$

69

$26\overline{)85}$

주어진 나눗셈의 몫 또는 나머지와 알맞게 선을 연결해 보세요.

01

몫

나눗셈		몫
$45 \div 21$		4
$62 \div 15$		3
$45 \div 13$		2

02

나머지

나눗셈		나머지
$88 \div 21$		4
$74 \div 11$		6
$63 \div 19$		8

03

나머지

나눗셈		나머지
$96 \div 43$		17
$88 \div 25$		13
$73 \div 28$		10

04

몫

나눗셈		몫
$98 \div 12$		2
$78 \div 32$		8
$56 \div 13$		4

나눗셈을 하여 ☐ 에는 몫을, ◯ 에는 나머지를 써넣으세요.

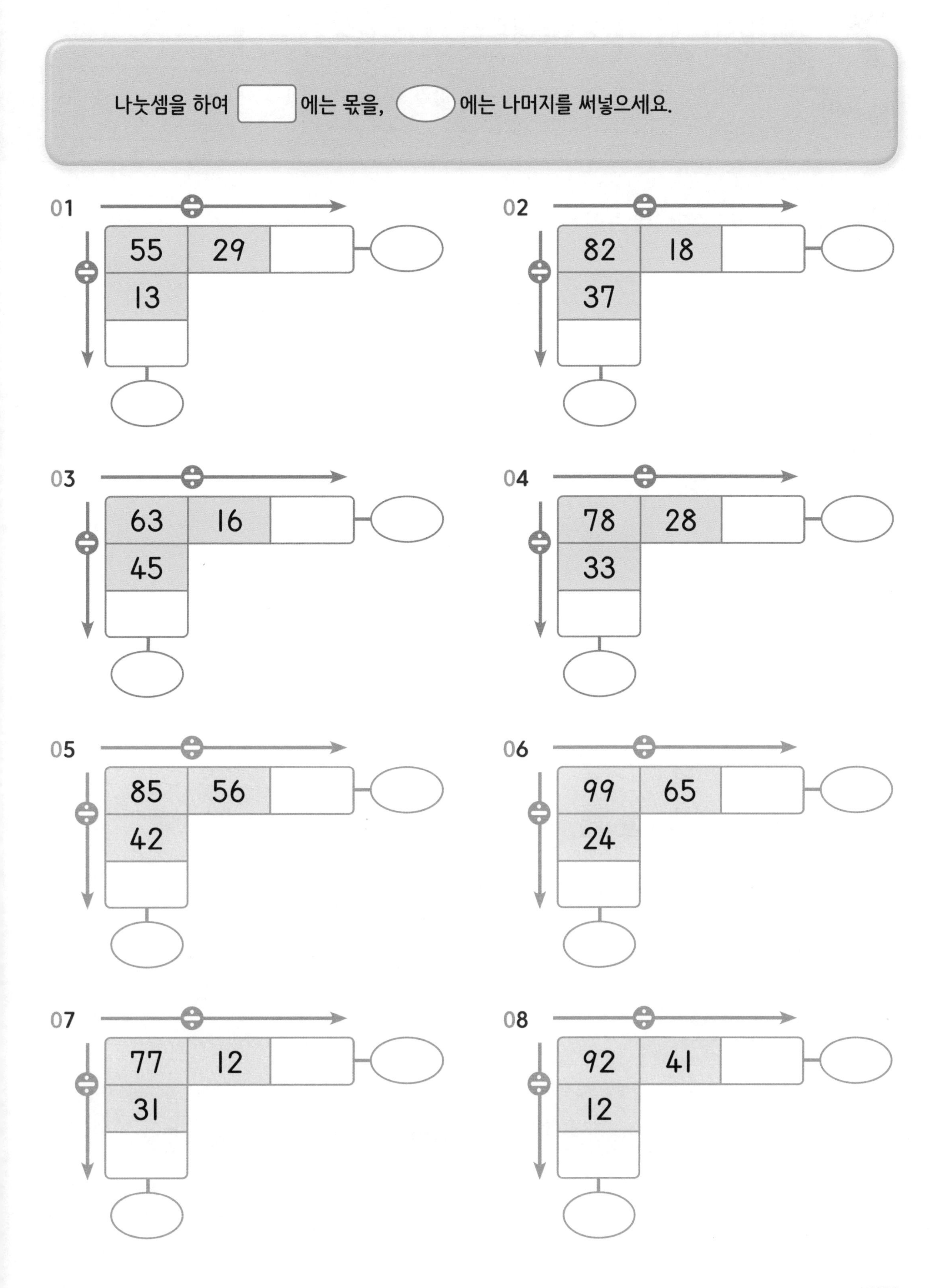

(세 자리 수)÷(두 자리 수) (1)

몫이 한 자리 수인 (세 자리 수)÷(두 자리 수)를 알아보아요.

1 몫이 한 자리 수인 (세 자리 수)÷(두 자리 수)

138÷23을 계산해 보아요.

```
      5    몫을 1 크게 해요. →       6
23)1 3 8                    23)1 3 8
   1 1 5                       1 3 8
     2 3  ← 나머지는 나누는 수보다      0
             작아야 해요.
```

➡ $138 \div 23 = 6$

↑ 몫

318÷37을 계산해 보아요.

```
      9    몫을 1 작게 해요. →       8
37)3 1 8                    37)3 1 8
   3 3 3                       2 9 6
          ← 318에서 333을          2 2
             뺄 수 없어요.
```

➡ $318 \div 37 = 8 \cdots 22$

↑ 몫 ↑ 나머지

(세 자리 수)÷(두 자리 수)의 몫을 어림하여 구해 보세요.

01 몫이 한 자리 수인 (세 자리 수)÷(두 자리 수)

$53\overline{)424}$ 몫 7 → $53\overline{)424}$ 몫 □

$424 \div 53 = \square$

$62\overline{)347}$ 몫 6 → $62\overline{)347}$ 몫 □

$347 \div 62 = \square \cdots \square$

$28\overline{)202}$ 몫 6 → $28\overline{)202}$ 몫 □

$202 \div 28 = \square \cdots \square$

묷이 한 자리 수이고, 나머지가 없는 (세 자리 수)÷(두 자리 수)를 자리에 맞추어 계산해 보세요.

01 $216 \div 27 =$

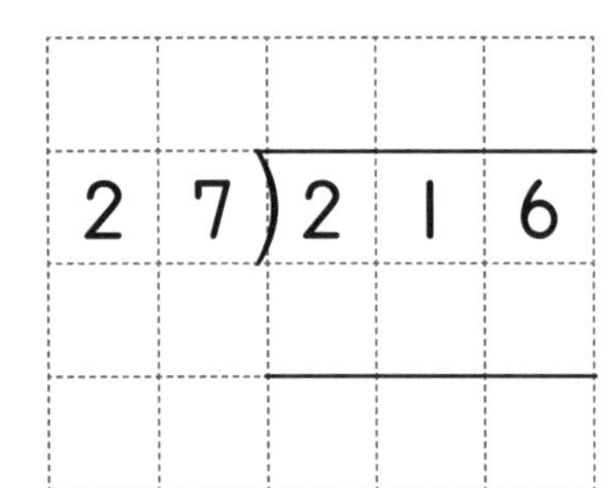

02 $345 \div 69 =$

03 $142 \div 71 =$

04 $340 \div 85 =$

05 $204 \div 34 =$

06 $128 \div 32 =$

07 $512 \div 64 =$

08 $165 \div 55 =$

09 $192 \div 24 =$

10 $306 \div 51 =$

11 $462 \div 66 =$

12 $280 \div 35 =$

13 $564 \div 94 =$

14 $355 \div 71 =$

15 $602 \div 86 =$

16 $552 \div 92 =$

17 $186 \div 31 =$

18 $408 \div 51 =$

19 $747 \div 83 =$

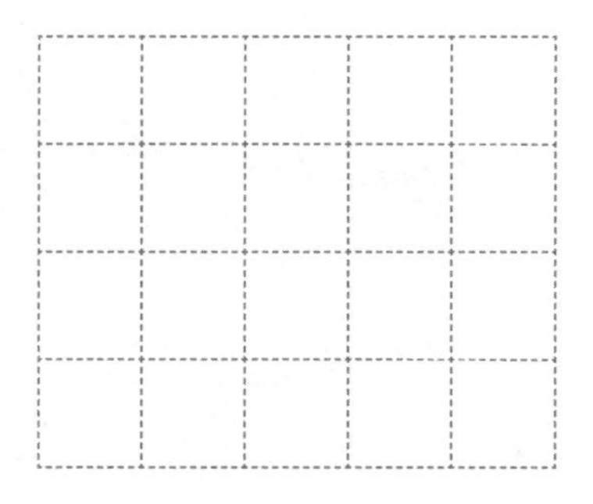

20 $301 \div 43 =$

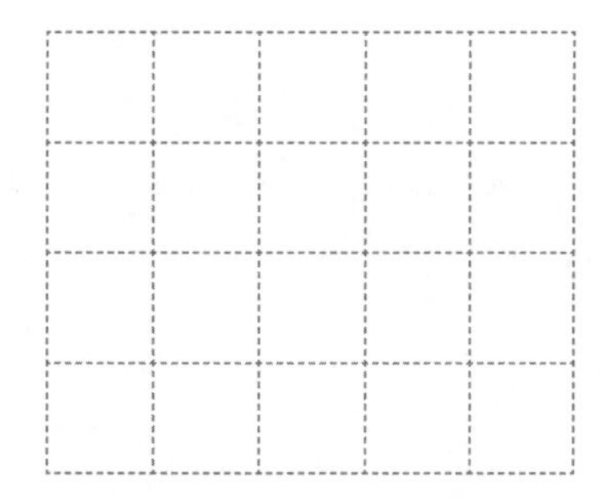

21 $648 \div 81 =$

묶이 한 자리 수이고, 나머지가 있는 (세 자리 수)÷(두 자리 수)를
자리에 맞추어 계산해 보세요.

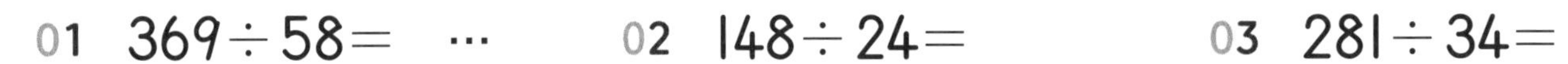

01 $369 \div 58 =$ ⋯

02 $148 \div 24 =$

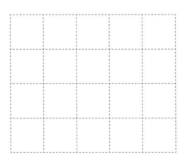

03 $281 \div 34 =$

04 $138 \div 98 =$

05 $330 \div 54 =$

06 $536 \div 74 =$

07 $435 \div 89 =$

08 $406 \div 88 =$

09 $299 \div 51 =$

10 $521 \div 56 =$

11 $653 \div 87 =$

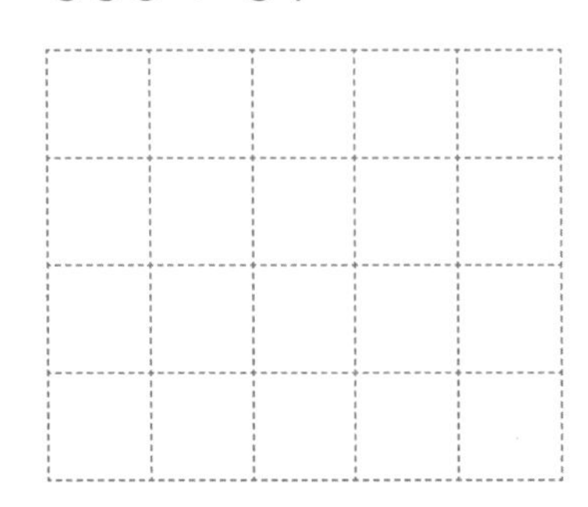

12 $703 \div 92 =$

13 $210 \div 38 =$

14 $729 \div 78 =$

15 $734 \div 86 =$

16 $463 \div 72 =$

17 $825 \div 83 =$

18 $526 \div 62 =$

19 $497 \div 65 =$

20 $659 \div 71 =$

21 $919 \div 94 =$

22 $328 \div 45 =$

23 $943 \div 98 =$

24 $812 \div 83 =$

몫이 한 자리 수인 (세 자리 수)÷(두 자리 수)를 세로셈으로 해 보세요.

01

$48\overline{)240}$

02

$18\overline{)126}$

03

$68\overline{)204}$

04

$34\overline{)281}$

05

$62\overline{)348}$

06

$34\overline{)313}$

07

$37\overline{)333}$

08

$12\overline{)108}$

09

$63\overline{)315}$

10

$74\overline{)536}$

11

$89\overline{)442}$

12

$43\overline{)292}$

13

$63\overline{)378}$

14

$57\overline{)456}$

15

$47\overline{)235}$

16

$19\overline{)156}$

17

$72\overline{)571}$

18

$96\overline{)940}$

19

$12\overline{)111}$

20

$66\overline{)491}$

21

$72\overline{)380}$

22

$77\overline{)693}$

23

$69\overline{)345}$

24

$69\overline{)414}$

25

$95\overline{)380}$

26

$82\overline{)656}$

27

$81\overline{)405}$

28

$52\overline{)325}$

29

$92\overline{)804}$

30

$83\overline{)452}$

31

$92\overline{)676}$

32

$65\overline{)497}$

33

$76\overline{)511}$

34

$26\overline{)104}$

35

$75\overline{)225}$

36

$35\overline{)245}$

37

$42\overline{)257}$

38

$37\overline{)171}$

39

$55\overline{)135}$

40

$84\overline{)492}$

41

$52\overline{)364}$

42

$57\overline{)463}$

43

$46\overline{)276}$

44

$63\overline{)477}$

45

$49\overline{)441}$

46

$65\overline{)479}$

47

$43\overline{)307}$

48

$75\overline{)600}$

49

$62\overline{)434}$

50

$85\overline{)519}$

51

$86\overline{)723}$

52

$19 \overline{) 145}$

53

$57 \overline{) 316}$

54

$95 \overline{) 894}$

55

$77 \overline{) 428}$

56

$63 \overline{) 482}$

57

$73 \overline{) 619}$

58

$86 \overline{) 430}$

59

$76 \overline{) 532}$

60

$45 \overline{) 405}$

61

$81 \overline{) 513}$

62

$93 \overline{) 750}$

63

$74 \overline{) 679}$

64

$96 \overline{) 700}$

65

$83 \overline{) 816}$

66

$95 \overline{) 864}$

67

$98 \overline{) 588}$

68

$73 \overline{) 584}$

69

$99 \overline{) 643}$

나눗셈을 하여 빈칸에 알맞은 수를 써넣으세요.

01

÷ 29

203	
116	

02

÷ 37

111	
333	

03

÷ 19

152	
114	
171	

04

÷ 44

132	
220	
396	

05

÷ 52

104	
260	
364	

06

÷ 65

455	
390	
520	

나눗셈을 하여 나머지가 더 큰 것에 ○ 해 보세요.

01

$64\overline{)227}$　　$74\overline{)282}$

02

$84\overline{)556}$　　$49\overline{)474}$

03

$924 \div 98$　　$647 \div 88$

04

$511 \div 67$　　$599 \div 63$

05

$39\overline{)178}$　　$29\overline{)257}$

06

$867 \div 91$　　$753 \div 85$

07

$361 \div 73$　　$653 \div 79$

08

$32\overline{)114}$　　$42\overline{)209}$

(세 자리 수)÷(두 자리 수) (2)

�이 두 자리 수인 (세 자리 수)÷(두 자리 수)를 알아보아요.

1 몫이 두 자리 수인 (세 자리 수)÷(두 자리 수)

312÷13을 계산해 보아요.

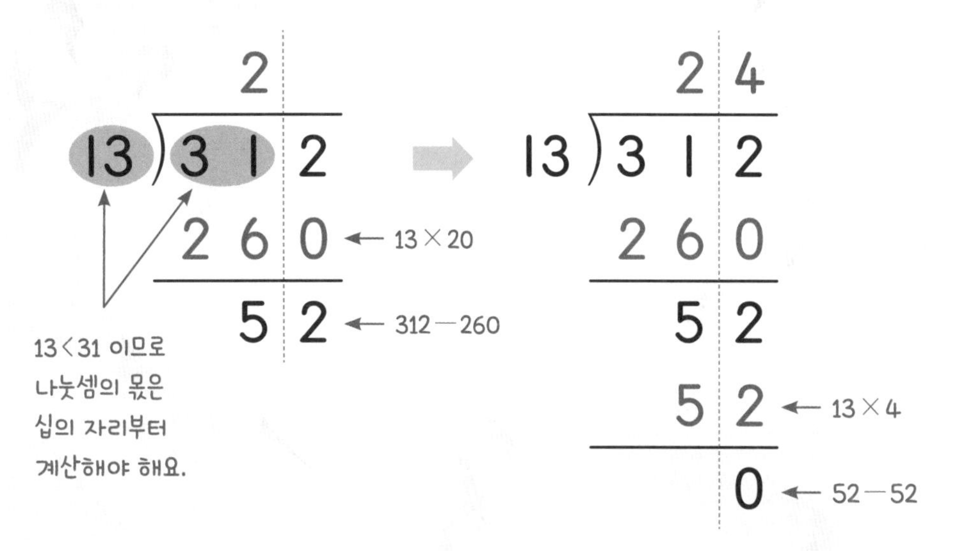

2
13)312
260 ← 13×20
52 ← 312−260
13＜31 이므로 나눗셈의 몫은 십의 자리부터 계산해야 해요.
24
13)312
260
52
52 ← 13×4
0 ← 52−52

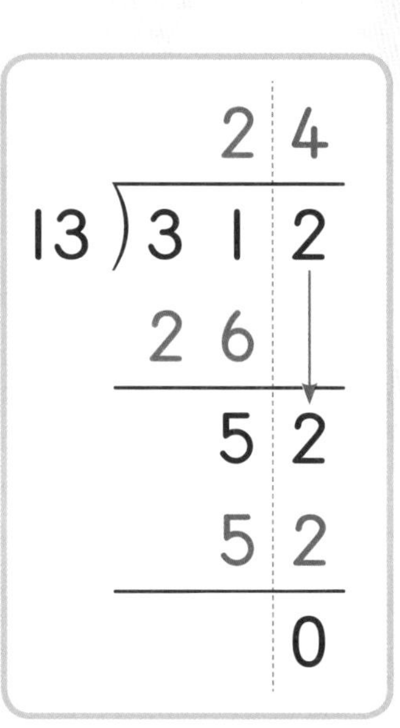

➡ 312÷13=24 (↑ 몫)

789÷22를 계산해 보아요.

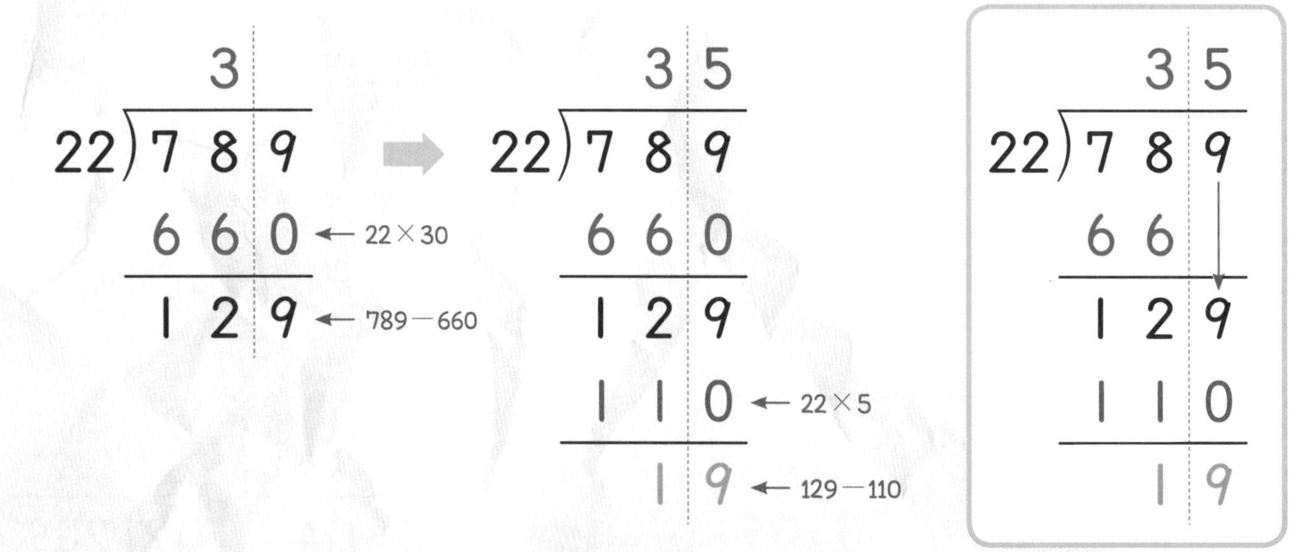

$$\begin{array}{r} 3 \\ 22\overline{)789} \\ 660 \\ \hline 129 \end{array}$$

660 ← 22×30, 129 ← 789−660

➡

$$\begin{array}{r} 35 \\ 22\overline{)789} \\ 660 \\ \hline 129 \\ 110 \\ \hline 19 \end{array}$$

110 ← 22×5, 19 ← 129−110

$$\begin{array}{r} 35 \\ 22\overline{)789} \\ 66 \\ \hline 129 \\ 110 \\ \hline 19 \end{array}$$

➡ 789÷22=35⋯19 (↑ 몫, ↑ 나머지)

(세 자리 수)÷(두 자리 수)의 몫을 십의 자리부터 구해 보세요.

01 몫이 두 자리 수인 (세 자리 수)÷(두 자리 수)

$$24\overline{)312}$$ 몫: 1 → 1□

➡ 312÷24=□

$$31\overline{)791}$$ 몫: 2 → 2□

➡ 791÷31=□…□

몫이 두 자리 수이고, 나머지가 없는 (세 자리 수)÷(두 자리 수)를 자리에 맞추어 계산해 보세요.

01 560÷35=

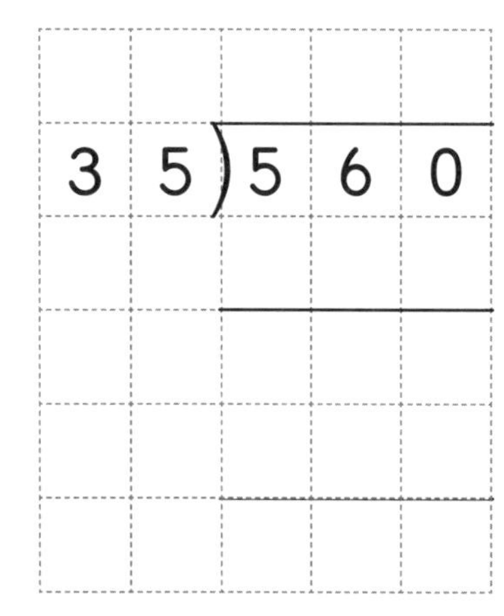

02 156÷13=

03 308÷22=

04 756÷42=

05 351÷27=

06 627÷33=

07 216÷12=

08 462÷42=

09 540÷36=

10 $546 \div 13 =$

11 $703 \div 37 =$

12 $832 \div 64 =$

13 $475 \div 19 =$

14 $899 \div 29 =$

15 $627 \div 57 =$

16 $912 \div 24 =$

17 $714 \div 17 =$

18 $805 \div 23 =$

몫이 두 자리 수이고, 나머지가 있는 (세 자리 수)÷(두 자리 수)를
자리에 맞추어 계산해 보세요.

01 $393 \div 27 =$ …

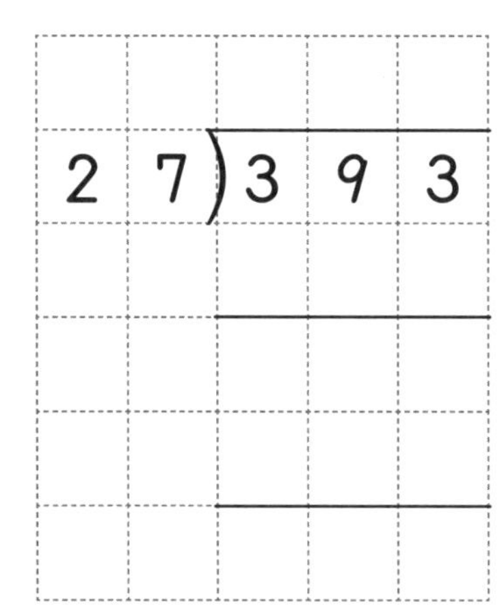

02 $429 \div 14 =$

03 $509 \div 42 =$

04 $625 \div 27 =$

05 $585 \div 17 =$

06 $471 \div 23 =$

07 $415 \div 17 =$

08 $453 \div 22 =$

09 $707 \div 57 =$

10 $964 \div 31 =$

11 $776 \div 48 =$

12 $556 \div 13 =$

13 $711 \div 18 =$

14 $917 \div 24 =$

15 $614 \div 32 =$

16 $962 \div 21 =$

17 $605 \div 13 =$

18 $933 \div 17 =$

몫이 두 자리 수인 (세 자리 수)÷(두 자리 수)를 세로셈으로 해 보세요.

01

$12\overline{)324}$

02

$56\overline{)840}$

03

$26\overline{)338}$

04

$36\overline{)552}$

05

$22\overline{)247}$

06

$23\overline{)267}$

07

$13\overline{)468}$

08

$29\overline{)609}$

09

$15\overline{)270}$

10

$44\overline{)531}$

11

$13\overline{)734}$

12

$23\overline{)535}$

13

$35\overline{)805}$

14

$21\overline{)861}$

15

$45\overline{)855}$

16

$29\overline{)653}$

17

$35\overline{)424}$

18

$27\overline{)825}$

19

$17\overline{)910}$

20

$23\overline{)566}$

21

$43\overline{)641}$

22

$19\overline{)646}$

23

$54\overline{)864}$

24

$47\overline{)987}$

25

$22\overline{)572}$

26

$34\overline{)952}$

27

$24\overline{)984}$

28

$36\overline{)885}$

29

$18\overline{)949}$

30

$27\overline{)743}$

31

$11\overline{)942}$

32

$38\overline{)931}$

33

$13\overline{)880}$

34

$47\overline{)752}$

35

$21\overline{)546}$

36

$14\overline{)588}$

37

$26\overline{)766}$

38

$19\overline{)692}$

39

$77\overline{)931}$

40

$16\overline{)681}$

41

$17\overline{)481}$

42

$53\overline{)576}$

43

$42\overline{)672}$

44

$32\overline{)341}$

45

$43\overline{)473}$

46

$14\overline{)573}$

47

$33\overline{)702}$

48

$34\overline{)408}$

49

$29\overline{)957}$

50

$11\overline{)339}$

51

$52\overline{)665}$

52

$19\overline{)445}$

53

$57\overline{)716}$

54

$39\overline{)894}$

55

$26\overline{)708}$

56

$55\overline{)689}$

57

$25\overline{)941}$

58

$44\overline{)836}$

59

$26\overline{)624}$

60

$34\overline{)782}$

61

$34\overline{)774}$

62

$52\overline{)964}$

63

$26\overline{)877}$

64

$24\overline{)955}$

65

$33\overline{)758}$

66

$23\overline{)839}$

67

$29\overline{)957}$

68

$24\overline{)984}$

69

$19\overline{)918}$

나눗셈을 하여 빈칸에 알맞은 수를 써넣으세요.

01

882 → ÷ 14 → □

882 → ÷ 49 → □

02

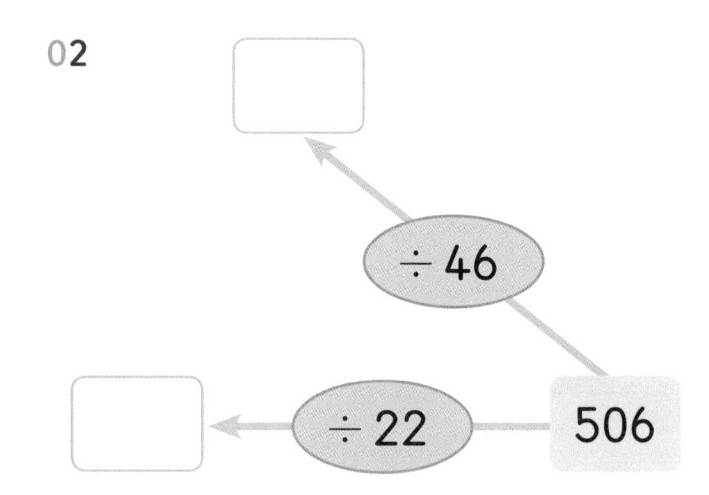

03

756 → ÷ 18 → □

756 → ÷ 12 → □

04

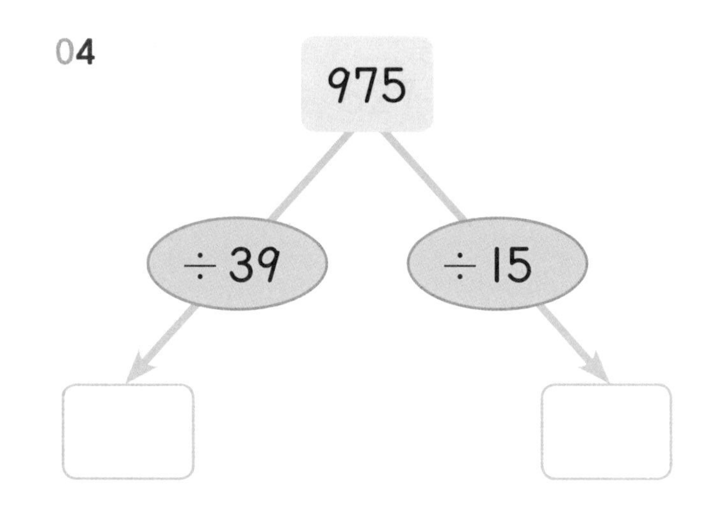

05

630 → ÷ 21 → □

630 → ÷ 35 → □

06

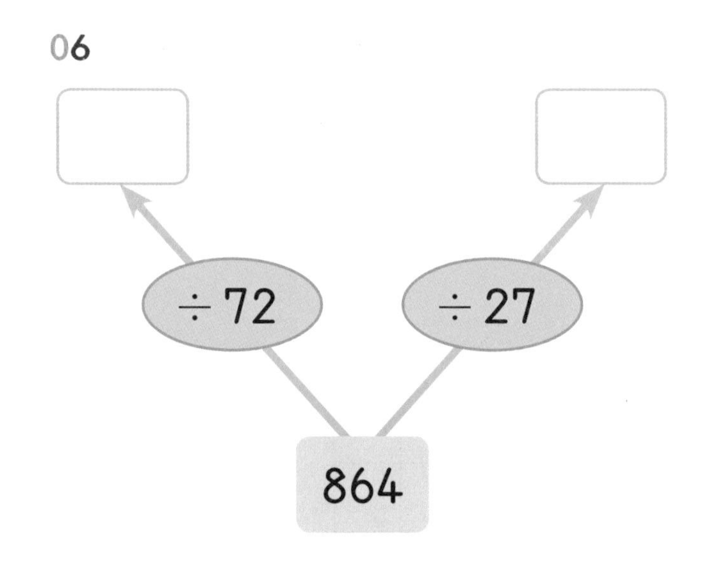

나눗셈을 하여 나머지가 같은 수를 찾아 ○ 해 보세요.

01

$23\overline{)564}$ $33\overline{)672}$ $16\overline{)382}$

02

$21\overline{)342}$ $19\overline{)672}$ $47\overline{)665}$

03

$48\overline{)850}$ $35\overline{)976}$ $769 \div 49$

04

$24\overline{)431}$ $395 \div 31$ $758 \div 43$

05

$931 \div 73$ $953 \div 75$ $869 \div 68$

06

$563 \div 47$ $825 \div 52$ $718 \div 56$

2에서 배운 연산으로 해결해 봐요!

나눗셈 만들기

▶ 수 카드를 이용하여 몫과 나머지가 가장 큰 나눗셈을 만들어 보세요.

01 7 5 8 4

□□ ÷ □□ = □ … □

02 4 6 1 5

□□ ÷ □□ = □ … □

03 7 3 8 7 4

□□□ ÷ □□ = □ … □

04 2 6 2 7 5

□□□ ÷ □□ = □ … □

▶ 나눗셈을 하여 □ 안에 알맞은 수를 써넣어 보세요.

빈칸 추론

01

□ 4
□2) 4 4 8
3 □
□ 2 □
1 □ □
0

02

□ 6
4□) 7 6 □
4 6
3 □ 2
□ 7 □
□ 6

03

1 □
7□) □ 1 1
□ □
8 □
□ □
8

04

□ 5
3□) 9 □ 5
□ 8
□ 9 □
□ □ □
0

▶ 이야기들 속에 주어진 조건을 생각하며 식을 세우고 답을 구해 보세요.

01 사탕 66개를 1봉지에 21개씩 넣으려고 합니다. 봉지는 몇 개가 필요하고, 남은 사탕은 몇 개입니까?

식 답 봉지, 개

02 138쪽짜리 책을 하루에 20쪽씩 읽고 있습니다. 최소한 며칠 안에 모두 읽을 수 있습니까?

식 답 일

03 선물 상자 1개를 포장하는 데 색 테이프 43cm가 필요합니다. 길이가 310cm인 색 테이프로 선물 상자를 최대한 많이 포장하면 몇 개까지 포장할 수 있고, 남는 색 테이프는 몇 cm입니까?

식 답 개, cm

04 한 대에 47명씩 탈 수 있는 버스에 학생 633명을 태우려고 한다면, 최소 몇 대의 버스가 필요합니까?

식 답 대

2에서 무엇을 배웠을까요?

(두 자리 수)÷(몇십)

$$\begin{array}{r} 3 \\ 20\overline{)68} \\ 60 \\ \hline 8 \end{array}$$

나누는 수, 60 ← 20×3

20 × 2 = 40
20 × 3 = 60
20 × 4 = 80

나누는 수 20과 곱했을 때 68보다 크지 않으며 68에 가장 가까운 수를 만드는 수가 몫이 돼요.

(세 자리 수)÷(몇십)

$$\begin{array}{r} 4 \\ 60\overline{)248} \\ 240 \\ \hline 8 \end{array}$$

248÷60=4···8

(두 자리 수)÷(두 자리 수)

$$\begin{array}{r} 3 \\ 13\overline{)49} \\ 39 \\ \hline 10 \end{array}$$

39 ← 13×3

49÷13=3···10

$$\begin{array}{r} 5 \\ 17\overline{)97} \\ 85 \\ \hline 12 \end{array}$$

85 ← 17×5

97÷17=5···12

몫이 한 자리 수인 (세 자리 수)÷(두 자리 수)

$$\begin{array}{r} 6 \\ 23\overline{)138} \\ 138 \\ \hline 0 \end{array}$$

138÷23=6

$$\begin{array}{r} 8 \\ 37\overline{)318} \\ 296 \\ \hline 22 \end{array}$$

318÷37=8···22

몫이 두 자리 수인 (세 자리 수)÷(두 자리 수)

$$\begin{array}{r} 24 \\ 13\overline{)312} \\ 26 \\ \hline 52 \\ 52 \\ \hline 0 \end{array}$$

312÷13=24

$$\begin{array}{r} 35 \\ 22\overline{)789} \\ 66 \\ \hline 129 \\ 110 \\ \hline 19 \end{array}$$

789÷22=35···19

MEMO

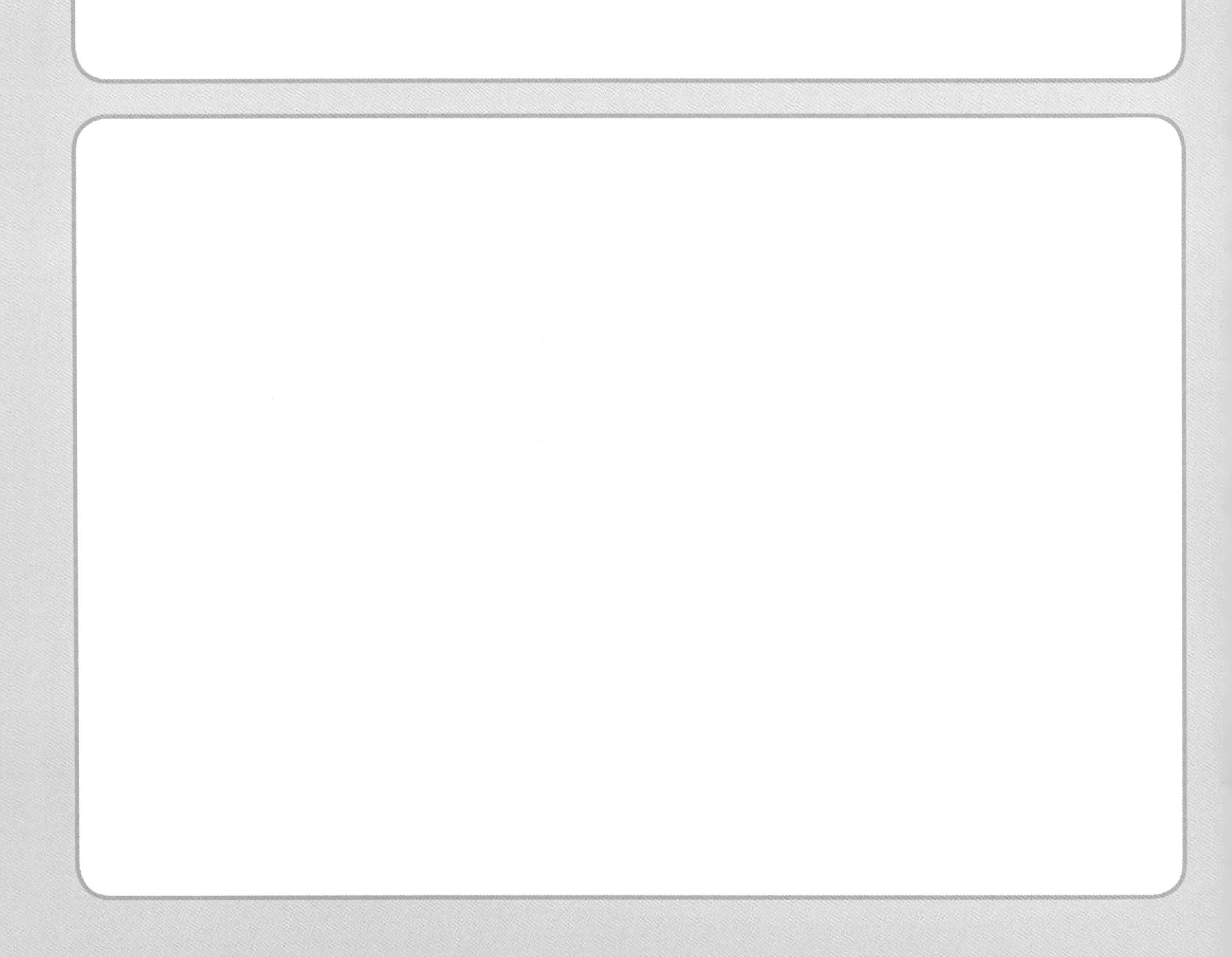

MEMO

MEMO

정답

아이가 좋아하는 4단계 초등연산

수학을 좋아하게 되는 **창의적이고 재미있는 문제 풀이**

연산이 자연스럽게 숙달되는 **체계적 학습 프로그램**

① ② ③

곱셈·나눗셈

동양북스

정답

아이가 좋아하는 4단계 초등연산

곱셈·나눗셈

3

동양북스

p.011

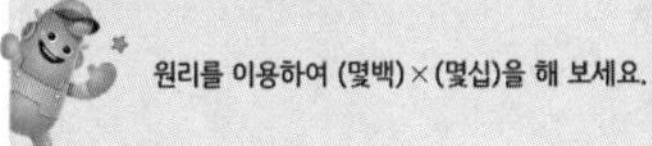

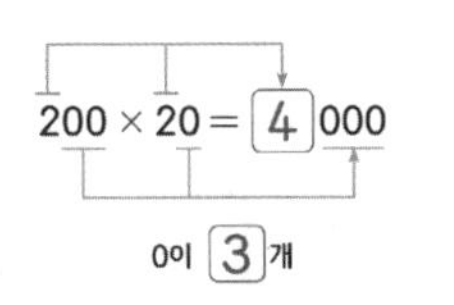

원리를 이용하여 (몇백)×(몇십)을 해 보세요.

01 (몇백)×(몇십) — 가로셈

$200 \times 20 = 4000$, 0이 3개

$300 \times 30 = 9000$, 0이 3개

$300 \times 40 = 12000$, 0이 3개

$700 \times 30 = 21000$, 0이 3개

02 (몇백)×(몇십) — 세로셈

$200 \times 40 = 8000$, $2 \times 4 = 8$

$600 \times 40 = 24000$, $6 \times 4 = 24$

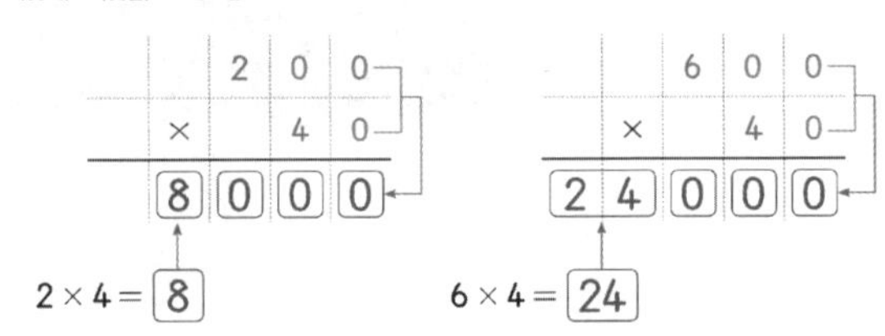

p.012~013

원리가 쏙쏙 적용이 척척 풀이가 술술 실력이 쑥쑥

(몇백)×(몇십)을 (몇)×(몇)을 이용하여 계산해 보세요.

01 $2 \times 6 = 12$, $200 \times 60 = 12000$

02 $5 \times 2 = 10$, $500 \times 20 = 10000$

03 $5 \times 3 = 15$, $500 \times 30 = 15000$

04 $6 \times 3 = 18$, $600 \times 30 = 18000$

05 $7 \times 4 = 28$, $700 \times 40 = 28000$

06 $3 \times 7 = 21$, $300 \times 70 = 21000$

07 $2 \times 8 = 16$, $200 \times 80 = 16000$

08 $6 \times 6 = 36$, $600 \times 60 = 36000$

09 $6 \times 5 = 30$, $600 \times 50 = 30000$

10 $5 \times 8 = 40$, $500 \times 80 = 40000$

(몇백)×(몇십)을 0의 개수를 맞추어 계산해 보세요.

01 $400 \times 20 = 8000$

02 $800 \times 30 = 24000$

03 $700 \times 20 = 14000$

04 $500 \times 60 = 30000$

05 $400 \times 30 = 12000$

06 $900 \times 20 = 18000$

07 $700 \times 50 = 35000$

08 $800 \times 40 = 32000$

09 $600 \times 80 = 48000$

10 $600 \times 70 = 42000$

p.014~015

짚러가 쑥쑥 | 적용이 척척 | 풀이가 술술 | 실력이 쑥쑥

(몇백)×(몇십)을 계산해 보세요.

01 $700 \times 30 = 21000$

02 $200 \times 50 = 10000$

03 $800 \times 20 = 16000$

04 $500 \times 40 = 20000$

05 $300 \times 60 = 18000$

06 $300 \times 90 = 27000$

07 $400 \times 80 = 32000$

08 $900 \times 50 = 45000$

09 $500 \times 50 = 25000$

10 $700 \times 80 = 56000$

11 $800 \times 90 = 72000$

12 $700 \times 60 = 42000$

13 $700 \times 90 = 63000$

14 $800 \times 70 = 56000$

15 $600 \times 90 = 54000$

16 $200 \times 70 =$ 14000

17 $800 \times 50 =$ 40000

18 $400 \times 60 =$ 24000

19 $900 \times 30 =$ 27000

20 $400 \times 70 =$ 28000

21 $500 \times 70 =$ 35000

22 $300 \times 80 =$ 24000

23 $600 \times 70 =$ 42000

24 $900 \times 40 =$ 36000

25 $400 \times 90 =$ 36000

26 $600 \times 80 =$ 48000

27 $900 \times 60 =$ 54000

28 $200 \times 90 =$ 18000

29 $700 \times 70 =$ 49000

30 $900 \times 70 =$ 63000

31 $800 \times 80 =$ 64000

32 $500 \times 90 =$ 45000

33 $900 \times 80 =$ 72000

34 $900 \times 50 =$ 45000

35 $800 \times 60 =$ 48000

36 $900 \times 90 =$ 81000

p.016~017

짚러가 쑥쑥 | 적용이 척척 | 풀이가 술술 | 실력이 쑥쑥

문구류의 1개 가격을 보고 사려고 하는 물건의 가격을 구해 보세요.

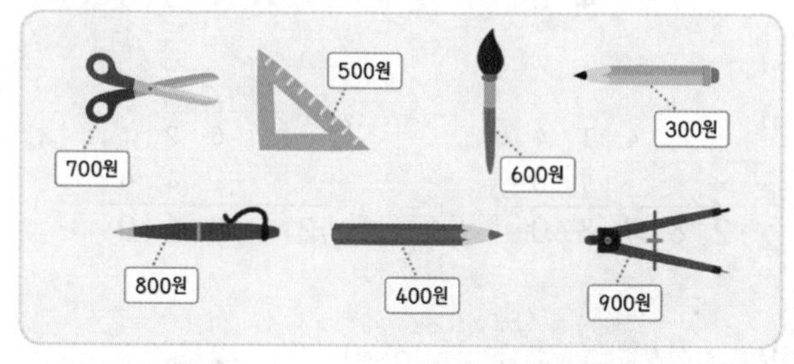

01 연필 20개 6000 원

02 색연필 30개 12000 원

03 볼펜 40개 32000 원

04 붓 80개 48000 원

05 가위 70개 49000 원

06 삼각자 60개 30000 원

07 컴퍼스 40개 36000 원

08 연필 90개 27000 원

부등호의 방향에 알맞게 □에 들어갈 수 있는 수를 모두 골라 ○ 해 보세요.

01 $200 \times \square > 8000$: (50) (60) 30 40

02 $300 \times \square < 12000$: 50 40 (30) 60

03 $500 \times \square > 25000$: 40 (60) 50 (70)

04 $600 \times \square > 42000$: 60 70 50 (80)

05 $400 \times \square < 16000$: (30) 40 (20) (10)

06 $800 \times \square > 56000$: (80) 70 60 (90)

07 $700 \times \square > 35000$: 30 (60) 50 (80)

08 $900 \times \square < 72000$: (70) 80 (60) 90

원리가 쏙쏙 적용이 척척 풀이가 술술 실력이 쑥쑥

10배를 이용하여 (세 자리 수)×(몇십)을 계산해 보세요.

01 (세 자리 수)×(몇십)

143 × 4 = 572 → 143 × 40 = 5720

283 × 3 = 849 → 283 × 30 = 8490

323 × 5 = 1615 → 323 × 50 = 16150

678 × 6 = 4068 → 678 × 60 = 40680

원리가 쏙쏙 적용이 척척 풀이가 술술 실력이 쑥쑥

(세 자리 수)×(몇십)을 자리에 맞추어 계산해 보세요.

01 179 × 20 = 3580

02 284 × 40 = 11360

03 365 × 20 = 7300

04 455 × 60 = 27300

05 284 × 30 = 8520

06 527 × 60 = 31620

07 478 × 20 = 9560

08 743 × 50 = 37150

09 329 × 60 = 19740

10 339 × 50 = 16950

11 414 × 70 = 28980

12 621 × 40 = 24840

13 844 × 40 = 33760

14 975 × 30 = 29250

15 407 × 90 = 36630

16 526 × 80 = 42080

17 785 × 60 = 47100

18 985 × 80 = 78800

p.022~023

(세 자리 수)×(몇십)을 세로셈으로 자리를 맞추어 계산하고 답을 구해 보세요.

01 143 × 60 = 8580

		1	4	3
×			6	0
	8	5	8	0

02 314 × 50 = 15700

		3	1	4
×			5	0
1	5	7	0	0

03 278 × 80 = 22240

		2	7	8
×			8	0
2	2	2	4	0

04 572 × 30 = 17160

		5	7	2
×			3	0
1	7	1	6	0

05 748 × 30 = 22440

		7	4	8
×			3	0
2	2	4	4	0

06 609 × 50 = 30450

		6	0	9
×			5	0
3	0	4	5	0

07 411 × 70 = 28770

		4	1	1
×			7	0
2	8	7	7	0

08 638 × 80 = 51040

		6	3	8
×			8	0
5	1	0	4	0

09 588 × 70 = 41160

		5	8	8
×			7	0
4	1	1	6	0

10 361 × 70 = 25270

		3	6	1
×			7	0
2	5	2	7	0

11 725 × 90 = 65250

		7	2	5
×			9	0
6	5	2	5	0

12 697 × 40 = 27880

		6	9	7
×			4	0
2	7	8	8	0

13 706 × 50 = 35300

		7	0	6
×			5	0
3	5	3	0	0

14 952 × 60 = 57120

		9	5	2
×			6	0
5	7	1	2	0

15 881 × 80 = 70480

		8	8	1
×			8	0
7	0	4	8	0

16 855 × 60 = 51300

		8	5	5
×			6	0
5	1	3	0	0

17 984 × 90 = 88560

		9	8	4
×			9	0
8	8	5	6	0

18 734 × 90 = 66060

		7	3	4
×			9	0
6	6	0	6	0

p.024~025

정리가 쏙쏙 | 적용이 척척 | **풀이가 술술** | 실력이 쑥쑥

(세 자리 수)×(몇십)을 자리의 수에 맞추어 계산해 보세요.

번호	곱해지는 수	곱하는 수	답
01	225	× 50	11250
02	410	× 20	8200
03	395	× 60	23700
04	408	× 50	20400
05	301	× 30	9030
06	475	× 40	19000
07	793	× 20	15860
08	639	× 30	19170
09	474	× 20	9480
10	293	× 60	17580
11	185	× 50	9250
12	826	× 30	24780
13	233	× 50	11650
14	389	× 20	7780
15	607	× 60	36420

번호	곱해지는 수	곱하는 수	답
16	590	× 90	53100
17	678	× 60	40680
18	258	× 60	15480
19	471	× 80	37680
20	693	× 20	13860
21	909	× 30	27270
22	839	× 70	58730
23	507	× 80	40560
24	826	× 70	57820
25	809	× 80	64720
26	927	× 80	74160
27	481	× 40	19240
28	553	× 90	49770
29	647	× 80	51760
30	891	× 80	71280
31	968	× 50	48400
32	727	× 60	43620
33	613	× 60	36780

p.026~027

(세 자리 수) × (몇십)을 계산해 보세요.

01 113 × 30 = 3390
02 236 × 40 = 9440
03 337 × 20 = 6740
04 552 × 20 = 11040
05 249 × 50 = 12450
06 354 × 30 = 10620
07 412 × 20 = 8240
08 459 × 40 = 18360
09 197 × 30 = 5910
10 340 × 90 = 30600
11 332 × 30 = 9960
12 972 × 20 = 19440
13 918 × 20 = 18360
14 566 × 50 = 28300
15 801 × 60 = 48060
16 775 × 30 = 23250

17 283 × 70 = 19810
18 378 × 40 = 15120
19 236 × 30 = 7080
20 540 × 70 = 37800
21 496 × 60 = 29760
22 673 × 50 = 33650
23 625 × 90 = 56250
24 712 × 80 = 56960
25 181 × 90 = 16290
26 651 × 80 = 52080
27 730 × 70 = 51100
28 713 × 80 = 57040
29 347 × 90 = 31230
30 679 × 40 = 27160
31 523 × 80 = 41840
32 793 × 50 = 39650
33 914 × 70 = 63980
34 907 × 80 = 72560

p.028~029

원리가 쏙쏙 적용이 척척 풀이가 술술 실력이 쑥쑥

곱셈의 결과를 비교하여 큰 것부터 1, 2, 3을 차례로 ◯ 안에 써넣어 보세요.

01
- 263 × 30 = 7890 ①
- 181 × 40 = 7240 ③
- 365 × 20 = 7300 ②

02
- 326 × 50 = 16300 ②
- 378 × 40 = 15120 ③
- 246 × 90 = 22140 ①

03
- 962 × 40 = 38480 ③
- 816 × 50 = 40800 ②
- 726 × 60 = 43560 ①

04
- 973 × 60 = 58380 ①
- 779 × 70 = 54530 ②
- 458 × 90 = 41220 ③

05
- 681 × 90 = 61290 ②
- 879 × 80 = 70320 ①
- 729 × 60 = 43740 ③

화살표 방향으로 곱셈을 하여 빈칸에 알맞은 수를 써넣으세요.

01
132, 20, 2640
50
6600

02
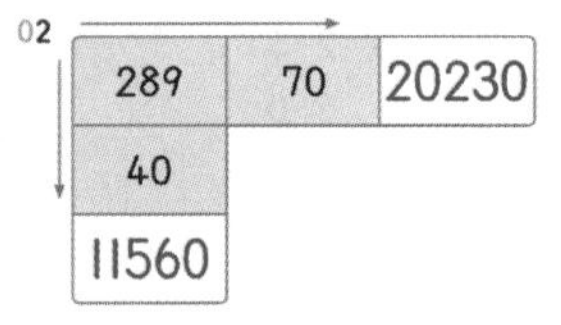

03
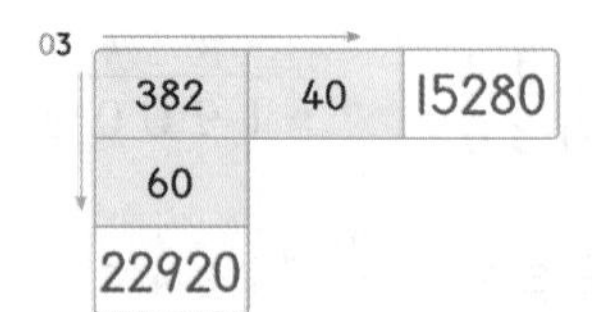

04
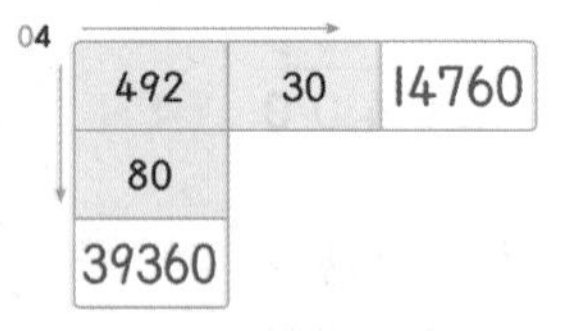

05
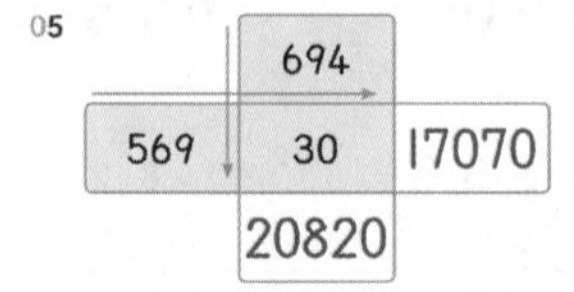

06
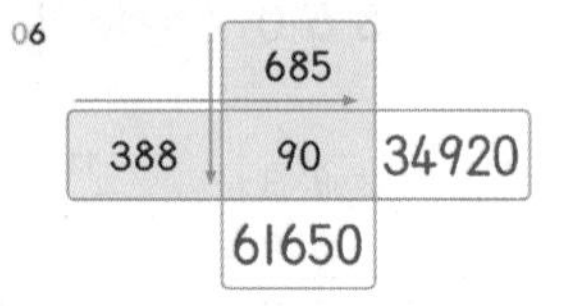

07
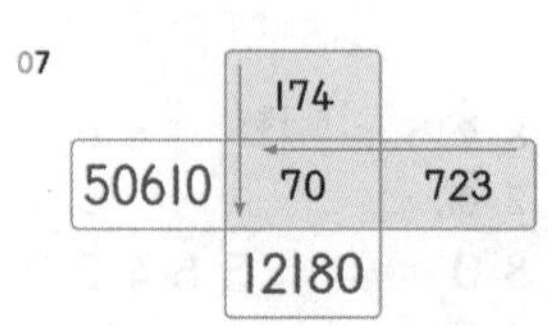

08
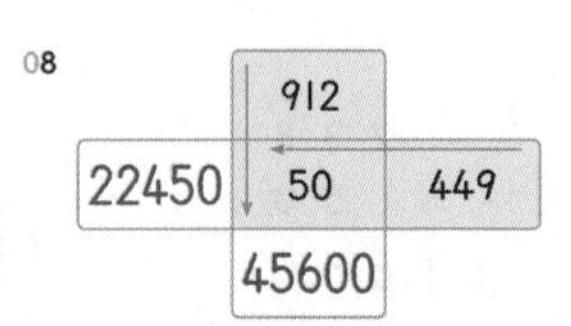

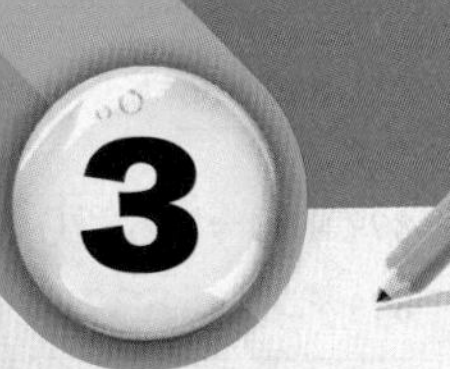

3 (세 자리 수)×(두 자리 수)

p.031

원리가 쏙쏙 | 적용이 척척 | 풀이가 술술 | 실력이 쑥쑥

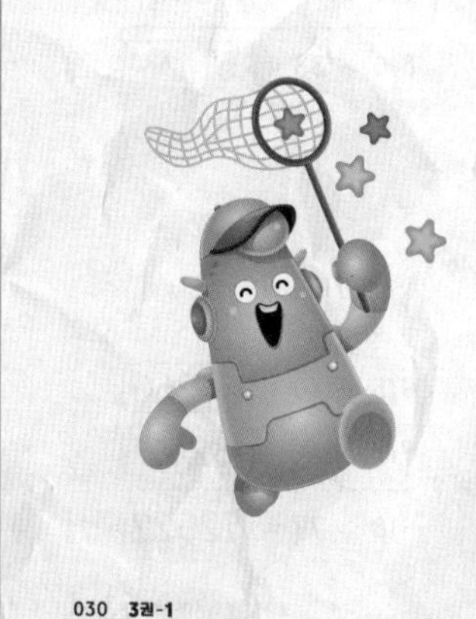

(세 자리 수)×(두 자리 수)의 계산을 자리의 수에 맞추어 계산해 보세요.

01
```
    1 2 8
  ×   5 1
  -------
    1 2 8  ← 128×1
  6 4 0 0  ← 128×50
  -------
  6 5 2 8
```

02
```
     2 7 4
   ×   6 2
  --------
     5 4 8  ← 274×2
  1 6 4 4 0 ← 274×60
  ---------
  1 6 9 8 8
```

03
```
      3 7 3
    ×   6 5
  ---------
    1 8 6 5  ← 373×5
  2 2 3 8 0  ← 373×60
  ---------
  2 4 2 4 5
```

04
```
      4 0 6
    ×   8 4
  ---------
    1 6 2 4  ← 406×4
  3 2 4 8 0  ← 406×80
  ---------
  3 4 1 0 4
```


p.032~033

원리가 쏙쏙 | 적용이 척척 | 풀이가 술술 | 실력이 쑥쑥

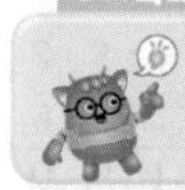

(세 자리 수)×(두 자리 수)를 일의 자리 수와 십의 자리 수의 곱으로 나누어 계산해 보세요.

01
```
      2 8 3
    ×   9 2
  ---------
      5 6 6
  2 5 4 7 0
  ---------
  2 6 0 3 6
```
➡ 283×2+283×90
= 566 + 25470
= 26036

02
```
      3 9 4
    ×   4 7
  ---------
    2 7 5 8
  1 5 7 6 0
  ---------
  1 8 5 1 8
```
➡ 394×7+394×40
= 2758 + 15760
= 18518

03
```
      5 3 7
    ×   8 7
  ---------
    3 7 5 9
  4 2 9 6 0
  ---------
  4 6 7 1 9
```
➡ 537×7+537×80
= 3759 + 42960
= 46719

04
```
      4 5 1
    ×   4 4
  ---------
    1 8 0 4
  1 8 0 4 0
  ---------
  1 9 8 4 4
```
➡ 451×4+451×40
= 1804 + 18040
= 19844

05
```
      7 7 1
    ×   6 2
  ---------
    1 5 4 2
  4 6 2 6 0
  ---------
  4 7 8 0 2
```
➡ 771×2+771×60
= 1542 + 46260
= 47802

06
```
      5 4 3
    ×   6 7
  ---------
    3 8 0 1
  3 2 5 8 0
  ---------
  3 6 3 8 1
```
➡ 543×7+543×60
= 3801 + 32580
= 36381

07
```
      8 9 2
    ×   5 4
  ---------
    3 5 6 8
  4 4 6 0 0
  ---------
  4 8 1 6 8
```
➡ 892×4+892×50
= 3568 + 44600
= 48168

p.034~035

08 169×34

$169 \times 30 =$ 5070
$169 \times 4 =$ 676
$169 \times 34 =$ 5746

09 228×62

$228 \times 60 =$ 13680
$228 \times 2 =$ 456
$228 \times 62 =$ 14136

10 324×57

$324 \times 50 =$ 16200
$324 \times 7 =$ 2268
$324 \times 57 =$ 18468

11 537×87

$537 \times 80 =$ 42960
$537 \times 7 =$ 3759
$537 \times 87 =$ 46719

12 681×55

$681 \times 50 =$ 34050
$681 \times 5 =$ 3405
$681 \times 55 =$ 37455

13 739×28

$739 \times 20 =$ 14780
$739 \times 8 =$ 5912
$739 \times 28 =$ 20692

14 304×76

$304 \times 70 =$ 21280
$304 \times 6 =$ 1824
$304 \times 76 =$ 23104

15 899×36

$899 \times 30 =$ 26970
$899 \times 6 =$ 5394
$899 \times 36 =$ 32364

16 773×43

$773 \times 40 =$ 30920
$773 \times 3 =$ 2319
$773 \times 43 =$ 33239

17 616×83

$616 \times 80 =$ 49280
$616 \times 3 =$ 1848
$616 \times 83 =$ 51128

18 884×93

$884 \times 90 =$ 79560
$884 \times 3 =$ 2652
$884 \times 93 =$ 82212

19 918×79

$918 \times 70 =$ 64260
$918 \times 9 =$ 8262
$918 \times 79 =$ 72522

p.036~037

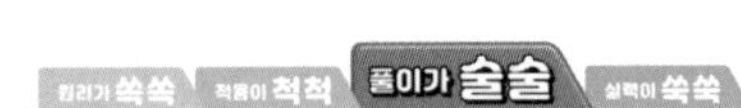

(세 자리 수)×(두 자리수)를 계산해 보세요.

01
796
× 12
1592
796
9552

02
645
× 26
3870
1290
16770

03
573
× 25
2865
1146
14325

04
526
× 47
3682
2104
24722

05
773
× 43
2319
3092
33239

06
970
× 13
2910
970
12610

07
425
× 52
850
2125
22100

08
807
× 66
4842
4842
53262

09
940
× 74
3760
6580
69560

10
491
× 61
491
2946
29951

11
247
× 94
988
2223
23218

12
692
× 86
4152
5536
59512

13
791
× 68
6328
4746
53788

14
976
× 42
1952
3904
40992

15
436
× 87
3052
3488
37932

16
849
× 81
849
6792
68769

17
823
× 85
4115
6584
69955

18
748
× 73
2244
5236
54604

19
618
× 89
5562
4944
55002

20
884
× 93
2652
7956
82212

21
994
× 62
1988
5964
61628

p.038~039

22) $218 \times 76 = 16568$

218×6, 218×70을 계산하고 각각의 곱을 더해요.

23) $190 \times 38 = 7220$

24) $209 \times 62 = 12958$

25) $244 \times 16 = 3904$

26) $370 \times 81 = 29970$

27) $637 \times 65 = 41405$

28) $480 \times 73 = 35040$

29) $913 \times 37 = 33781$

30) $862 \times 68 = 58616$

31) $508 \times 22 = 11176$

32) $491 \times 34 = 16694$

33) $719 \times 83 = 59677$

34) $454 \times 38 = 17252$

35) $825 \times 57 = 47025$

36) $340 \times 84 = 28560$

37) $183 \times 97 = 17751$

38) $626 \times 59 = 36934$

39) $590 \times 73 = 43070$

40) $511 \times 94 = 48034$

41) $947 \times 19 = 17993$

42) $693 \times 52 = 36036$

43) $903 \times 67 = 60501$

44) $742 \times 26 = 19292$

45) $941 \times 78 = 73398$

46) $497 \times 42 = 20874$

47) $834 \times 93 = 77562$

48) $920 \times 92 = 84640$

49) $963 \times 74 = 71262$

50) $686 \times 71 = 48706$

p.040~041

원리가 쏙쏙 | 적용이 척척 | 풀이가 술술 | 실력이 쑥쑥

선으로 연결된 두 수의 곱을 가운데 빈칸에 써넣으세요.

01 02

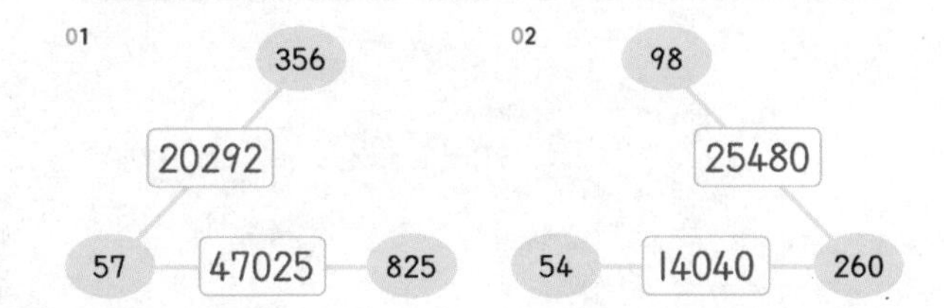

03 04

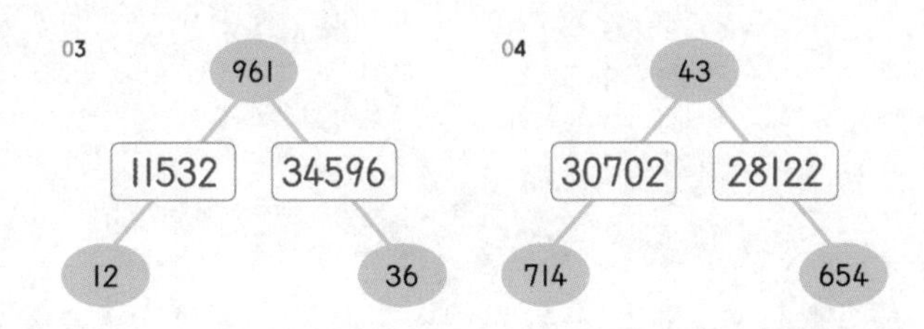

05 06

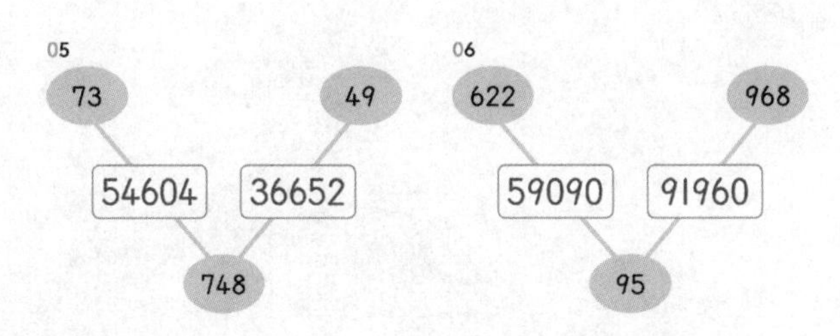

가로 열쇠와 세로 열쇠를 보고 수 퍼즐을 완성해 보세요.

①1	㉠5	0	7	5			㉣4	
	3				⑤9	0	7	2
	②3	7	㉡6	3	5		2	
	5		1			㉢1	2	
③2	2	1	0	0		9	7	
			6			8		
			④5	2	3	8		
						0		

가로 열쇠

① 335×45

② 965×39

③ 425×52

④ 194×27

⑤ 567×16

세로 열쇠

㉠ 684×78

㉡ 885×69

㉢ 710×28

㉣ 569×83

p.042~043

1~3 연산의 활용

1에서 배운 연산으로 해결해 봐요!

▶ 주어진 규칙에 맞게 계산하여 빈칸에 알맞은 수를 써넣어 보세요. 규칙

가 ▣ 나 = (가 + 100) × (나 + 10)

01 326 ▣ 55 = (326 + 100) × (55 + 10)
= 426 × 65 = 27690

02 767 ▣ 41 = (767 + 100) × (41 + 10)
= 867 × 51 = 44217

가 ◎ 나 = (가 − 10) × (나 − 5)

03 723 ◎ 39 = (723 − 10) × (39 − 5)
= 713 × 34 = 24242

04 940 ◎ 63 = (940 − 10) × (63 − 5)
= 930 × 58 = 53940

▶ 파란색 수 카드 중 3장을 뽑아 세 자리 수를 만들고, 노란색 수 카드 중 2장을 뽑아 두 자리 수를 만들어 조건에 맞는 곱셈식을 만들고 곱을 구해 보세요. 곱셈식 만들기

01 카드: 2 5 6 0 / 7 1 4 8

652 × 87 = 56724 (곱이 가장 클 때)

205 × 14 = 2870 (곱이 가장 작을 때)

02 카드: 3 7 8 5 / 4 6 3 9

875 × 96 = 84000 (곱이 가장 클 때)

357 × 34 = 12138 (곱이 가장 작을 때)

03 카드: 6 1 4 9 3 / 1 5 7 2 4

964 × 75 = 72300 (곱이 가장 클 때)

134 × 12 = 1608 (곱이 가장 작을 때)

p.044

▶ 이야기들 속에 주어진 조건을 생각하며 식을 세우고 답을 구해 보세요. 문장제

01 원호는 매일 줄넘기를 435번씩 하고 있습니다. 원호가 31일 동안 한 줄넘기는 모두 몇 번입니까?

식 435 × 31 = 13485　답 13485 번

02 어느 과수원에서 사과 563상자를 포장했습니다. 한 상자에 45개씩 담았다면 과수원에서 포장한 사과는 모두 몇 개입니까?

식 563 × 45 = 25335　답 25335 개

03 선유네 학교 학생은 610명입니다. 학생 한 명당 54개씩 기부 저금통에 동전을 넣었습니다. 저금통에 들어 있는 동전은 모두 몇 개입니까?

식 610 × 54 = 32940　답 32940 개

04 설탕 한 봉지의 무게가 823g입니다. 이 설탕 85봉지의 무게는 모두 몇 g입니까?

식 823 × 85 = 69955　답 69955 g

p.049

4

몇십으로 나누기 (1)

원리가 쏙쏙 | 적용이 척척 | 풀이가 술술 | 실력이 쑥쑥

자리에 맞추어 몇십으로 나누기를 계산해 보세요.

01 (몇백몇십) ÷ (몇십)

24 ÷ 4 = 6 → 10배, 10배 → 240 ÷ 40 = [6]

몫 [6]
40) 2 4 0
[2 4 0]
[0]

12 ÷ 6 = 2 → 10배, 10배 → 120 ÷ 60 = [2]

몫 [2]
60) 1 2 0
[1 2 0]
[0]

02 (두 자리 수) ÷ (몇십)

몫 [1]
30) 4 5
3 0 ← 30 × [1]
[1 5]

45 ÷ 30 = [1] … [15]

몫 [2]
20) 5 3
[4 0]
[1 3]

53 ÷ 20 = [2] … [13]

p.050~051

원리가 쏙쏙 | 적용이 척척 | 풀이가 술술 | 실력이 쑥쑥

몇 배를 이용하여 (몇백몇십) ÷ (몇십)을 해 보세요.

01 14 ÷ 2 = [7] (10배, 10배) 140 ÷ 20 = [7]

02 24 ÷ 3 = [8] (10배, 10배) 240 ÷ 30 = [8]

03 18 ÷ 6 = [3]
180 ÷ 60 = [3]

04 32 ÷ 8 = [4]
320 ÷ 80 = [4]

05 25 ÷ 5 = [5]
250 ÷ 50 = [5]

06 48 ÷ 6 = [8]
480 ÷ 60 = [8]

07 54 ÷ 9 = [6]
540 ÷ 90 = [6]

08 49 ÷ 7 = [7]
490 ÷ 70 = [7]

09 63 ÷ 7 = [9]
630 ÷ 70 = [9]

10 72 ÷ 8 = [9]
720 ÷ 80 = [9]

(두 자리 수) ÷ (몇십)을 하여 빈칸을 채워 보세요.

01
몫 [1]
50) 5 5
[5 0]
[5]

55 ÷ 50 = [1] … [5]

02
몫 [3]
20) 6 1
[6 0]
[1]

61 ÷ 20 = [3] … [1]

03
몫 [1]
70) 8 8
[7 0]
[1 8]

88 ÷ 70 = [1] … [18]

04
몫 [2]
40) 8 6
[8 0]
[6]

86 ÷ 40 = [2] … [6]

05
몫 [1]
50) 7 1
[5 0]
[2 1]

71 ÷ 50 = [1] … [21]

06
몫 [2]
30) 7 6
[6 0]
[1 6]

76 ÷ 30 = [2] … [16]

p.052~053

원리가 쑥쑥 | 적용이 척척 | **풀이가 술술** | 실력이 쑥쑥

몇십으로 나누기를 자리에 맞추어 해 보세요.

01 $320 \div 80 = 4$

$$\begin{array}{r} 4 \\ 80\overline{)320} \\ 320 \\ \hline 0 \end{array}$$

02 $120 \div 60 = 2$

$$\begin{array}{r} 2 \\ 60\overline{)120} \\ 120 \\ \hline 0 \end{array}$$

03 $210 \div 30 = 7$

$$\begin{array}{r} 7 \\ 30\overline{)210} \\ 210 \\ \hline 0 \end{array}$$

04 $450 \div 90 = 5$

$$\begin{array}{r} 5 \\ 90\overline{)450} \\ 450 \\ \hline 0 \end{array}$$

05 $420 \div 70 = 6$

$$\begin{array}{r} 6 \\ 70\overline{)420} \\ 420 \\ \hline 0 \end{array}$$

06 $630 \div 90 = 7$

$$\begin{array}{r} 7 \\ 90\overline{)630} \\ 630 \\ \hline 0 \end{array}$$

07 $560 \div 80 = 7$

$$\begin{array}{r} 7 \\ 80\overline{)560} \\ 560 \\ \hline 0 \end{array}$$

08 $640 \div 80 = 8$

$$\begin{array}{r} 8 \\ 80\overline{)640} \\ 640 \\ \hline 0 \end{array}$$

09 $810 \div 90 = 9$

$$\begin{array}{r} 9 \\ 90\overline{)810} \\ 810 \\ \hline 0 \end{array}$$

10 $51 \div 40 = 1 \cdots 11$

$$\begin{array}{r} 1 \\ 40\overline{)51} \\ 40 \\ \hline 11 \end{array}$$

11 $34 \div 20 = 1 \cdots 14$

$$\begin{array}{r} 1 \\ 20\overline{)34} \\ 20 \\ \hline 14 \end{array}$$

12 $62 \div 60 = 1 \cdots 2$

$$\begin{array}{r} 1 \\ 60\overline{)62} \\ 60 \\ \hline 2 \end{array}$$

13 $48 \div 30 = 1 \cdots 18$

$$\begin{array}{r} 1 \\ 30\overline{)48} \\ 30 \\ \hline 18 \end{array}$$

14 $59 \div 20 = 2 \cdots 19$

$$\begin{array}{r} 2 \\ 20\overline{)59} \\ 40 \\ \hline 19 \end{array}$$

15 $75 \div 30 = 2 \cdots 15$

$$\begin{array}{r} 2 \\ 30\overline{)75} \\ 60 \\ \hline 15 \end{array}$$

16 $91 \div 30 = 3 \cdots 1$

$$\begin{array}{r} 3 \\ 30\overline{)91} \\ 90 \\ \hline 1 \end{array}$$

17 $85 \div 70 = 1 \cdots 15$

$$\begin{array}{r} 1 \\ 70\overline{)85} \\ 70 \\ \hline 15 \end{array}$$

18 $93 \div 20 = 4 \cdots 13$

$$\begin{array}{r} 4 \\ 20\overline{)93} \\ 80 \\ \hline 13 \end{array}$$

19 $67 \div 20 = 3 \cdots 7$

$$\begin{array}{r} 3 \\ 20\overline{)67} \\ 60 \\ \hline 7 \end{array}$$

20 $83 \div 20 = 4 \cdots 3$

$$\begin{array}{r} 4 \\ 20\overline{)83} \\ 80 \\ \hline 3 \end{array}$$

21 $71 \div 20 = 3 \cdots 11$

$$\begin{array}{r} 3 \\ 20\overline{)71} \\ 60 \\ \hline 11 \end{array}$$

p.054~055

몇십으로 나누기를 세로셈으로 해 보세요.

01 $50\overline{)350}$ → 7

02 $70\overline{)560}$ → 8

03 $30\overline{)240}$ → 8

04 $70\overline{)490}$ → 7

05 $20\overline{)160}$ → 8

06 $90\overline{)540}$ → 6

07 $50\overline{)250}$ → 5

08 $30\overline{)270}$ → 9

09 $80\overline{)560}$ → 7

10 $90\overline{)630}$ → 7

11 $80\overline{)480}$ → 6

12 $70\overline{)280}$ → 4

13 $80\overline{)320}$ → 4

14 $60\overline{)420}$ → 7

15 $70\overline{)630}$ → 9

16 $40\overline{)360}$ → 9

17 $90\overline{)450}$ → 5

18 $90\overline{)720}$ → 8

19 $20\overline{)72}$ → $3 \cdots 12$

20 $30\overline{)35}$ → $1 \cdots 5$

21 $40\overline{)46}$ → $1 \cdots 6$

22 $40\overline{)84}$ → $2 \cdots 4$

23 $30\overline{)96}$ → $3 \cdots 6$

24 $20\overline{)44}$ → $2 \cdots 4$

25 $60\overline{)77}$ → $1 \cdots 17$

26 $50\overline{)75}$ → $1 \cdots 25$

27 $30\overline{)64}$ → $2 \cdots 4$

28 $40\overline{)85}$ → $2 \cdots 5$

29 $30\overline{)93}$ → $3 \cdots 3$

30 $30\overline{)49}$ → $1 \cdots 19$

31 $30\overline{)63}$ → $2 \cdots 3$

32 $20\overline{)54}$ → $2 \cdots 14$

33 $20\overline{)75}$ → $3 \cdots 15$

34 $20\overline{)91}$ → $4 \cdots 11$

35 $20\overline{)82}$ → $4 \cdots 2$

36 $60\overline{)99}$ → $1 \cdots 39$

37 $20\overline{)57}$ → $2 \cdots 17$

38 $20\overline{)78}$ → $3 \cdots 18$

39 $40\overline{)98}$ → $2 \cdots 18$

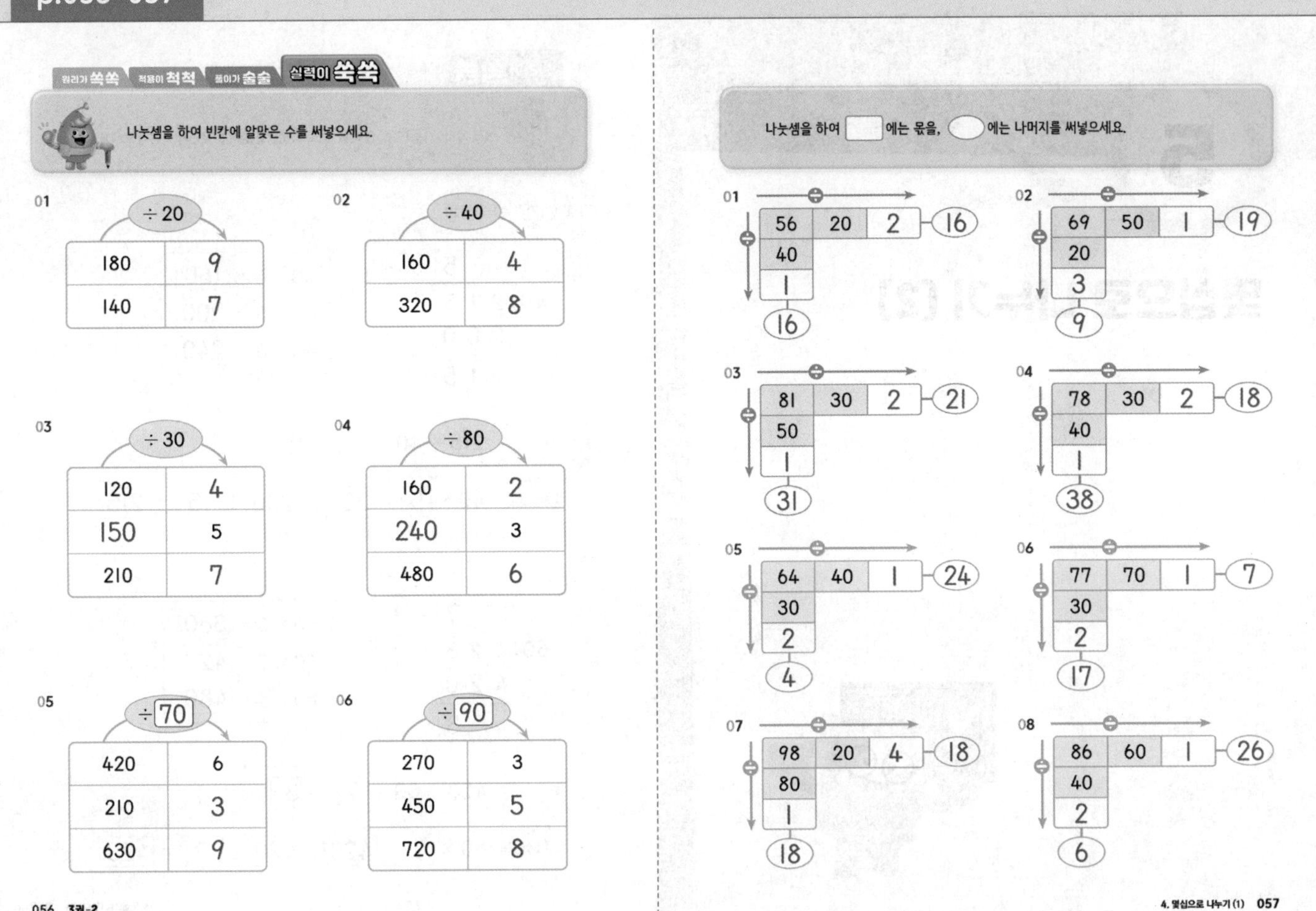

p.059

5 몇십으로 나누기 (2)

(세 자리 수)÷(몇십)의 몫을 찾고, 나눗셈을 정확히 했는지 확인해 보세요.

01 (세 자리 수)÷(몇십)

```
      5
40)2 1 5
   2 0 0
     1 5
```

$40 \times 4 = 160$
$40 \times 5 = 200$
$40 \times 6 = 240$

$215 \div 40 = 5 \cdots 15$

확인하기 $40 \times 5 = 200$, $200 + 15 = 215$

```
      7
60)4 2 3
   4 2 0
       3
```

$60 \times 6 = 360$
$60 \times 7 = 420$
$60 \times 8 = 480$

$423 \div 60 = 7 \cdots 3$

확인하기 $60 \times 7 = 420$, $420 + 3 = 423$

p.060~061

원리가 쏙쏙 적용이 척척 풀이가 술술 실력이 쑥쑥

(세 자리 수)÷(몇십)을 자리에 맞추어 계산해 보세요.

01 $275 \div 80 = 3 \cdots 35$

```
      3
80)2 7 5
   2 4 0
     3 5
```

02 $303 \div 50 = 6 \cdots 3$

```
      6
50)3 0 3
   3 0 0
       3
```

03 $227 \div 40 = 5 \cdots 27$

```
      5
40)2 2 7
   2 0 0
     2 7
```

04 $489 \div 60 = 8 \cdots 9$

```
      8
60)4 8 9
   4 8 0
       9
```

05 $493 \div 50 = 9 \cdots 43$

```
      9
50)4 9 3
   4 5 0
     4 3
```

06 $615 \div 80 = 7 \cdots 55$

```
      7
80)6 1 5
   5 6 0
     5 5
```

07 $536 \div 60 = 8 \cdots 56$

```
      8
60)5 3 6
   4 8 0
     5 6
```

08 $621 \div 70 = 8 \cdots 61$

```
      8
70)6 2 1
   5 6 0
     6 1
```

09 $281 \div 30 = 9 \cdots 11$

```
      9
30)2 8 1
   2 7 0
     1 1
```


10 $615 \div 90 = 6 \cdots 75$

```
      6
90)6 1 5
   5 4 0
     7 5
```

11 $852 \div 90 = 9 \cdots 42$

```
      9
90)8 5 2
   8 1 0
     4 2
```

12 $447 \div 60 = 7 \cdots 27$

```
      7
60)4 4 7
   4 2 0
     2 7
```

13 $735 \div 80 = 9 \cdots 15$

```
      9
80)7 3 5
   7 2 0
     1 5
```

14 $372 \div 40 = 9 \cdots 12$

```
      9
40)3 7 2
   3 6 0
     1 2
```

15 $524 \div 80 = 6 \cdots 44$

```
      6
80)5 2 4
   4 8 0
     4 4
```

16 $446 \div 50 = 8 \cdots 46$

```
      8
50)4 4 6
   4 0 0
     4 6
```

17 $772 \div 90 = 8 \cdots 52$

```
      8
90)7 7 2
   7 2 0
     5 2
```

18 $671 \div 70 = 9 \cdots 41$

```
      9
70)6 7 1
   6 3 0
     4 1
```

19 $161 \div 40 = 4 \cdots 1$

```
      4
40)1 6 1
   1 6 0
       1
```

20 $354 \div 40 = 8 \cdots 34$

```
      8
40)3 5 4
   3 2 0
     3 4
```

21 $572 \div 60 = 9 \cdots 32$

```
      9
60)5 7 2
   5 4 0
     3 2
```

p.062~063

원리가 쑥쑥 | 적용이 척척 | 풀이가 술술 | 실력이 쑥쑥

(세 자리 수)÷(몇십)을 세로셈으로 해 보세요.

01 30)196 … 6…16
02 40)285 … 7…5
03 50)408 … 8…8
04 70)421 … 6…1
05 40)393 … 9…33
06 30)183 … 6…3
07 60)492 … 8…12
08 70)638 … 9…8
09 50)454 … 9…4
10 60)502 … 8…22
11 50)276 … 5…26
12 90)466 … 5…16
13 90)826 … 9…16
14 80)771 … 9…51
15 60)328 … 5…28

16 50)225 … 4…25
17 40)345 … 8…25
18 70)259 … 3…49
19 80)517 … 6…37
20 60)411 … 6…51
21 70)658 … 9…28
22 40)319 … 7…39
23 60)527 … 8…47
24 80)718 … 8…78
25 30)294 … 9…24
26 90)657 … 7…27
27 40)356 … 8…36
28 80)739 … 9…19
29 80)661 … 8…21
30 30)298 … 9…28
31 60)534 … 8…54
32 90)825 … 9…15
33 70)619 … 8…59

p.064~065

원리가 쑥쑥 | 적용이 척척 | 풀이가 술술 | 실력이 쑥쑥

나눗셈을 하여 몫이 더 작은 것에 ○ 해 보세요.

01
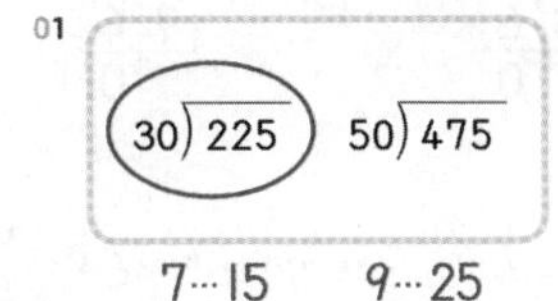
(30)225) 50)475
7…15 9…25

02
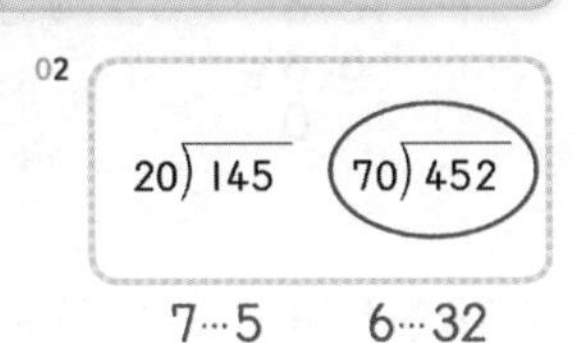
20)145 (70)452)
7…5 6…32

03
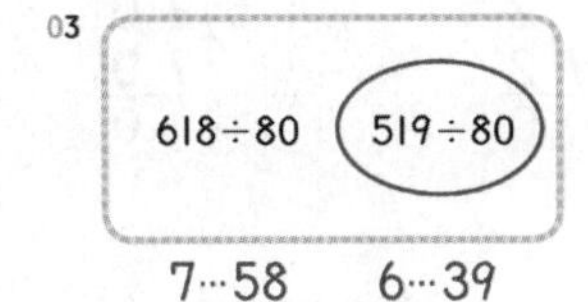
618÷80 (519÷80)
7…58 6…39

04
(221÷30) 739÷90
7…11 8…19

05
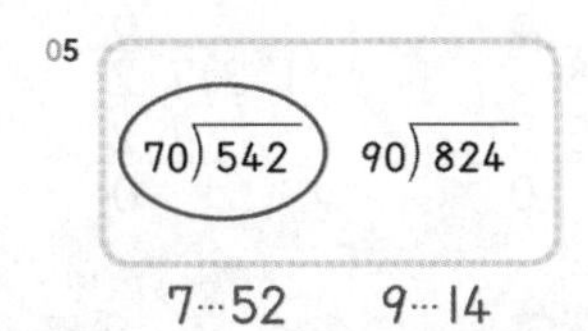
(70)542) 90)824
7…52 9…14

06
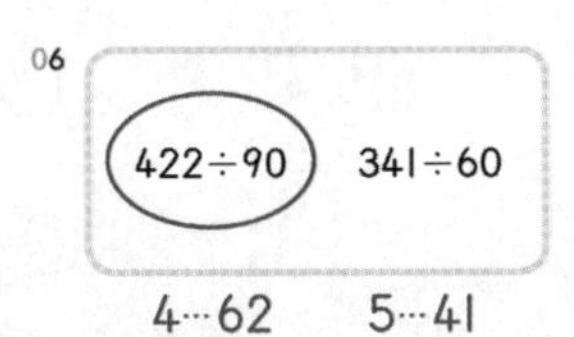
(422÷90) 341÷60
4…62 5…41

07
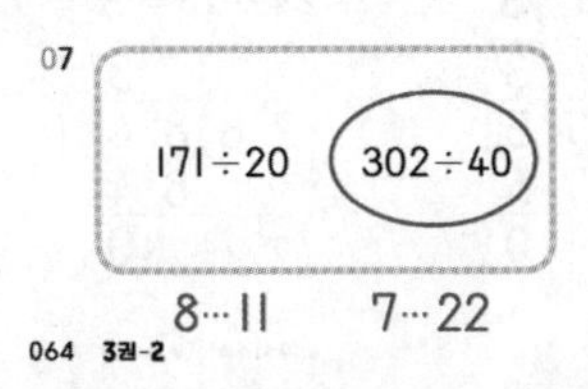
171÷20 (302÷40)
8…11 7…22

08
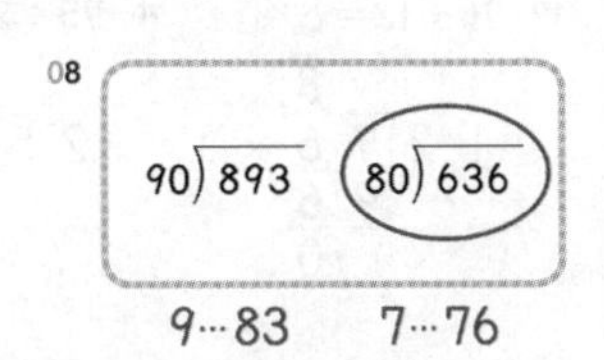
90)893 (80)636)
9…83 7…76

나눗셈을 하여 나머지가 같은 수를 찾아 ○ 해 보세요.

01 (20)192) 9…12 | (70)362) 5…12 | 50)263 5…13
02 30)225 7…15 | (70)156) 2…16 | (60)376) 6…16
03 (60)546) 9…6 | 60)428 7…8 | (636÷70) 9…6
04 (80)663) 8…23 | (273÷50) 5…23 | 149÷40 3…29
05 419÷90 4…59 | (232÷60) 3…52 | (612÷70) 8…52
06 (789÷80) 9…69 | 346÷70 4…66 | (559÷70) 7…69

p.067

6

(두 자리 수)÷(두 자리 수)

원리가 쏙쏙 적용이 척척 풀이가 술술 실력이 쑥쑥

(두 자리 수)÷(두 자리 수)의 몫을 찾아 계산해 보세요.

01 (두 자리 수)÷(두 자리 수)

$$\begin{array}{r} 3 \\ 15\overline{)45} \\ 45 \\ \hline 0 \end{array}$$

15 × 2 = 30
15 × 3 = 45
15 × 4 = 60

45 ÷ 15 = 3

$$\begin{array}{r} 4 \\ 13\overline{)63} \\ 52 \\ \hline 11 \end{array}$$

13 × 4 = 52
13 × 5 = 65
13 × 6 = 78

63 ÷ 13 = 4 ⋯ 11

$$\begin{array}{r} 2 \\ 26\overline{)77} \\ 52 \\ \hline 25 \end{array}$$

26 × 2 = 52
26 × 3 = 78
26 × 4 = 104

77 ÷ 26 = 2 ⋯ 25

p.068~069

원리가 쏙쏙 적용이 척척 풀이가 술술 실력이 쑥쑥

나머지가 없는 (두 자리 수)÷(두 자리 수)를 자리에 맞추어 계산해 보세요.

01 42 ÷ 14 = 3 $\begin{array}{r} 3 \\ 14\overline{)42} \\ 42 \\ \hline 0 \end{array}$

02 56 ÷ 14 = 4 $\begin{array}{r} 4 \\ 14\overline{)56} \\ 56 \\ \hline 0 \end{array}$

03 36 ÷ 12 = 3 $\begin{array}{r} 3 \\ 12\overline{)36} \\ 36 \\ \hline 0 \end{array}$

04 77 ÷ 11 = 7 $\begin{array}{r} 7 \\ 11\overline{)77} \\ 77 \\ \hline 0 \end{array}$

05 60 ÷ 15 = 4 $\begin{array}{r} 4 \\ 15\overline{)60} \\ 60 \\ \hline 0 \end{array}$

06 88 ÷ 22 = 4 $\begin{array}{r} 4 \\ 22\overline{)88} \\ 88 \\ \hline 0 \end{array}$

07 48 ÷ 16 = 3 $\begin{array}{r} 3 \\ 16\overline{)48} \\ 48 \\ \hline 0 \end{array}$

08 75 ÷ 15 = 5 $\begin{array}{r} 5 \\ 15\overline{)75} \\ 75 \\ \hline 0 \end{array}$

09 84 ÷ 14 = 6 $\begin{array}{r} 6 \\ 14\overline{)84} \\ 84 \\ \hline 0 \end{array}$

10 68 ÷ 17 = 4 $\begin{array}{r} 4 \\ 17\overline{)68} \\ 68 \\ \hline 0 \end{array}$

11 86 ÷ 43 = 2 $\begin{array}{r} 2 \\ 43\overline{)86} \\ 86 \\ \hline 0 \end{array}$

12 94 ÷ 47 = 2 $\begin{array}{r} 2 \\ 47\overline{)94} \\ 94 \\ \hline 0 \end{array}$

13 72 ÷ 18 = 4 $\begin{array}{r} 4 \\ 18\overline{)72} \\ 72 \\ \hline 0 \end{array}$

14 92 ÷ 23 = 4 $\begin{array}{r} 4 \\ 23\overline{)92} \\ 92 \\ \hline 0 \end{array}$

15 90 ÷ 15 = 6 $\begin{array}{r} 6 \\ 15\overline{)90} \\ 90 \\ \hline 0 \end{array}$

16 54 ÷ 18 = 3 $\begin{array}{r} 3 \\ 18\overline{)54} \\ 54 \\ \hline 0 \end{array}$

17 85 ÷ 17 = 5 $\begin{array}{r} 5 \\ 17\overline{)85} \\ 85 \\ \hline 0 \end{array}$

18 72 ÷ 12 = 6 $\begin{array}{r} 6 \\ 12\overline{)72} \\ 72 \\ \hline 0 \end{array}$

19 96 ÷ 12 = 8 $\begin{array}{r} 8 \\ 12\overline{)96} \\ 96 \\ \hline 0 \end{array}$

20 75 ÷ 25 = 3 $\begin{array}{r} 3 \\ 25\overline{)75} \\ 75 \\ \hline 0 \end{array}$

21 84 ÷ 28 = 3 $\begin{array}{r} 3 \\ 28\overline{)84} \\ 84 \\ \hline 0 \end{array}$

p.070~071

나머지가 있는 (두 자리 수)÷(두 자리 수)를 자리에 맞추어 계산해 보세요.

01 51 ÷ 12 = 4 ⋯ 3
4 / 12)51 / 48 / 3

02 43 ÷ 37 = 1 ⋯ 6
1 / 37)43 / 37 / 6

03 41 ÷ 15 = 2 ⋯ 11
2 / 15)41 / 30 / 11

04 57 ÷ 13 = 4 ⋯ 5
4 / 13)57 / 52 / 5

05 49 ÷ 23 = 2 ⋯ 3
2 / 23)49 / 46 / 3

06 33 ÷ 15 = 2 ⋯ 3
2 / 15)33 / 30 / 3

07 49 ÷ 17 = 2 ⋯ 15
2 / 17)49 / 34 / 15

08 63 ÷ 16 = 3 ⋯ 15
3 / 16)63 / 48 / 15

09 49 ÷ 15 = 3 ⋯ 4
3 / 15)49 / 45 / 4

10 78 ÷ 36 = 2 ⋯ 6
2 / 36)78 / 72 / 6

11 69 ÷ 32 = 2 ⋯ 5
2 / 32)69 / 64 / 5

12 50 ÷ 12 = 4 ⋯ 2
4 / 12)50 / 48 / 2

13 81 ÷ 18 = 4 ⋯ 9
4 / 18)81 / 72 / 9

14 78 ÷ 34 = 2 ⋯ 10
2 / 34)78 / 68 / 10

15 97 ÷ 17 = 5 ⋯ 12
5 / 17)97 / 85 / 12

16 86 ÷ 27 = 3 ⋯ 5
3 / 27)86 / 81 / 5

17 61 ÷ 24 = 2 ⋯ 13
2 / 24)61 / 48 / 13

18 52 ÷ 14 = 3 ⋯ 10
3 / 14)52 / 42 / 10

19 74 ÷ 17 = 4 ⋯ 6
4 / 17)74 / 68 / 6

20 90 ÷ 41 = 2 ⋯ 8
2 / 41)90 / 82 / 8

21 71 ÷ 32 = 2 ⋯ 7
2 / 32)71 / 64 / 7

22 98 ÷ 24 = 4 ⋯ 2
4 / 24)98 / 96 / 2

23 86 ÷ 33 = 2 ⋯ 20
2 / 33)86 / 66 / 20

24 91 ÷ 37 = 2 ⋯ 17
2 / 37)91 / 74 / 17

p.072~073

원리가 쏙쏙 · 적용이 척척 · 풀이가 술술 · 실력이 쑥쑥

(두 자리 수)÷(두 자리 수)를 세로셈으로 해 보세요.

01 12)24 → 2
02 11)44 → 4
03 14)42 → 3
04 14)17 → 1 ⋯ 3
05 25)35 → 1 ⋯ 10
06 13)38 → 2 ⋯ 12
07 15)60 → 4
08 16)48 → 3
09 22)66 → 3
10 54)67 → 1 ⋯ 13
11 22)49 → 2 ⋯ 5
12 24)41 → 1 ⋯ 17
13 13)65 → 5
14 43)86 → 2
15 16)64 → 4

16 14)63 → 4 ⋯ 7
17 18)58 → 3 ⋯ 4
18 27)78 → 2 ⋯ 24
19 13)70 → 5 ⋯ 5
20 25)67 → 2 ⋯ 17
21 15)58 → 3 ⋯ 13
22 38)76 → 2
23 24)96 → 4
24 39)78 → 2
25 11)99 → 9
26 16)80 → 5
27 14)98 → 7
28 34)78 → 2 ⋯ 10
29 29)67 → 2 ⋯ 9
30 14)48 → 3 ⋯ 6
31 13)59 → 4 ⋯ 7
32 29)88 → 3 ⋯ 1
33 15)95 → 6 ⋯ 5

p.074~075

34 $78 \div 13 = 6$	35 $57 \div 19 = 3$	36 $72 \div 24 = 3$	52 $58 \div 16 = 3 \cdots 10$	53 $76 \div 17 = 4 \cdots 8$	54 $57 \div 12 = 4 \cdots 9$
37 $45 \div 28 = 1 \cdots 17$	38 $52 \div 24 = 2 \cdots 4$	39 $66 \div 32 = 2 \cdots 2$	55 $82 \div 15 = 5 \cdots 7$	56 $95 \div 16 = 5 \cdots 15$	57 $90 \div 12 = 7 \cdots 6$
40 $71 \div 13 = 5 \cdots 6$	41 $58 \div 29 = 2$	42 $68 \div 31 = 2 \cdots 6$	58 $85 \div 17 = 5$	59 $84 \div 42 = 2$	60 $75 \div 25 = 3$
43 $72 \div 12 = 6$	44 $86 \div 25 = 3 \cdots 11$	45 $68 \div 17 = 4$	61 $92 \div 26 = 3 \cdots 14$	62 $63 \div 19 = 3 \cdots 6$	63 $99 \div 14 = 7 \cdots 1$
46 $98 \div 34 = 2 \cdots 30$	47 $87 \div 17 = 5 \cdots 2$	48 $78 \div 26 = 3$	64 $64 \div 13 = 4 \cdots 12$	65 $79 \div 23 = 3 \cdots 10$	66 $92 \div 24 = 3 \cdots 20$
49 $92 \div 23 = 4$	50 $91 \div 18 = 5 \cdots 1$	51 $66 \div 21 = 3 \cdots 3$	67 $84 \div 14 = 6$	68 $91 \div 13 = 7$	69 $85 \div 26 = 3 \cdots 7$

074 3권-2 6. (두 자리 수)÷(두 자리 수) 075

p.076~077

원리가 쏙쏙 적용이 척척 풀이가 술술 실력이 쑥쑥

주어진 나눗셈의 몫 또는 나머지와 알맞게 선을 연결해 보세요.

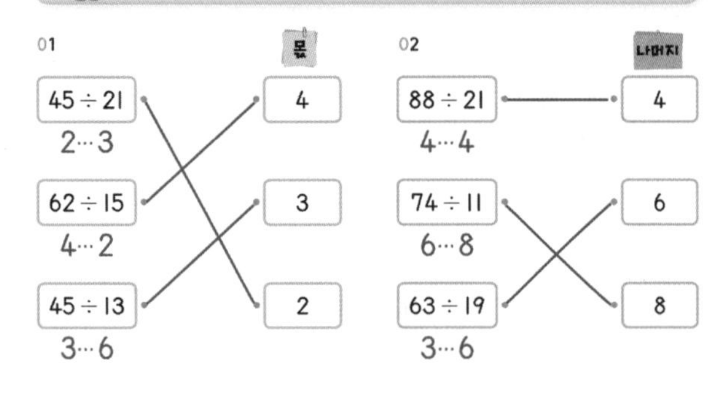

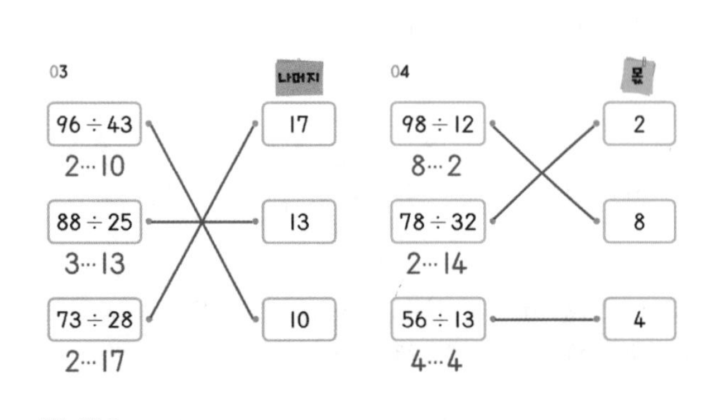

076 3권-2

나눗셈을 하여 □에는 몫을, ○에는 나머지를 써넣으세요.

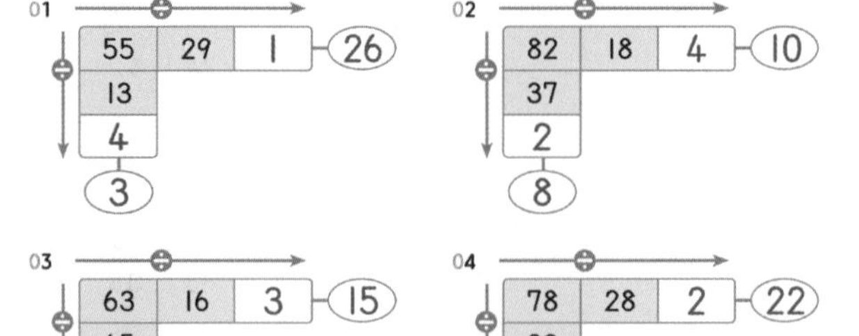

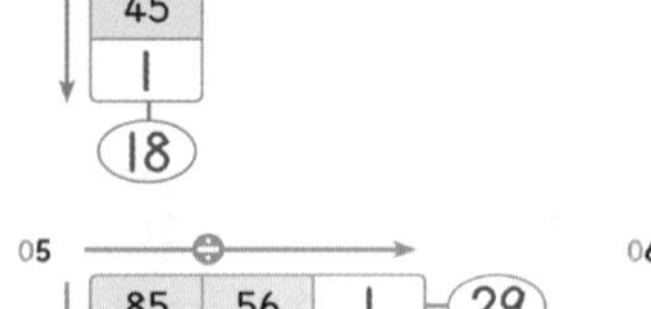

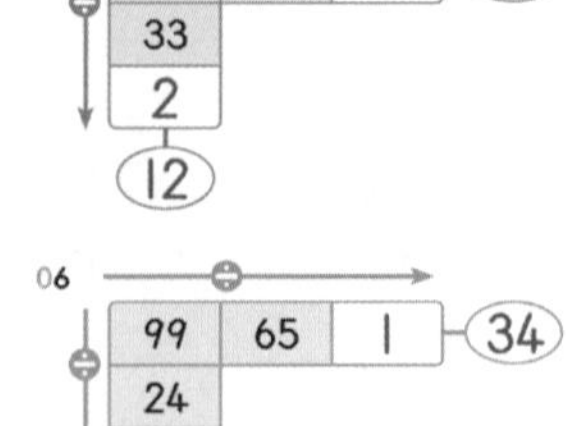

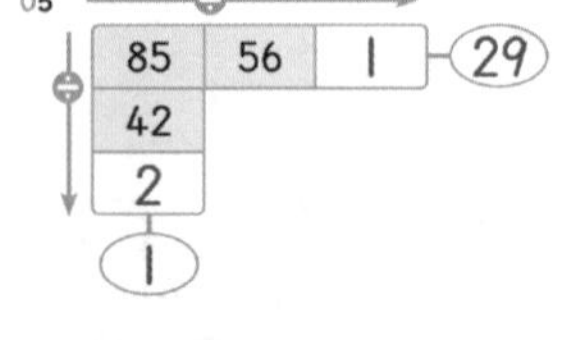

06
99 65 1 34
24
4
3

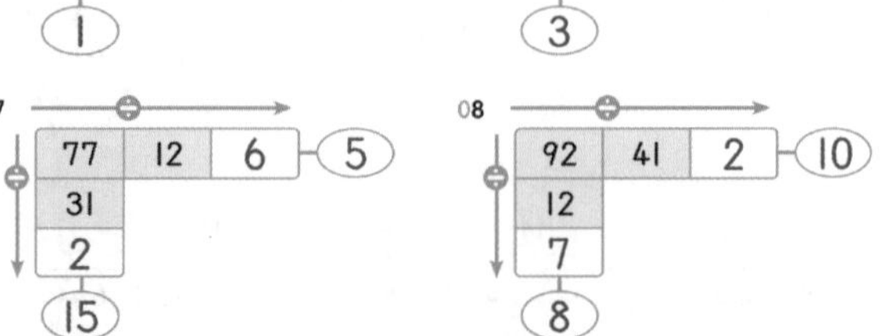

6. (두 자리 수)÷(두 자리 수) 077

p.079

(세 자리 수)÷(두 자리 수) (1)

원리가 쏙쏙 | 적용이 척척 | 풀이가 술술 | 실력이 쑥쑥

(세 자리 수)÷(두 자리 수)의 몫을 어림하여 구해 보세요.

01 몫이 한 자리 수인 (세 자리 수)÷(두 자리 수)

- 53)424: 7, 371, 53 → 53)424: 8, 424, 0 → $424 \div 53 = 8$
- 62)347: 6, 372 → 62)347: 5, 310, 37 → $347 \div 62 = 5 \cdots 37$
- 28)202: 6, 168, 34 → 28)202: 7, 196, 6 → $202 \div 28 = 7 \cdots 6$

p.080~081

원리가 쏙쏙 | 적용이 척척 | 풀이가 술술 | 실력이 쑥쑥

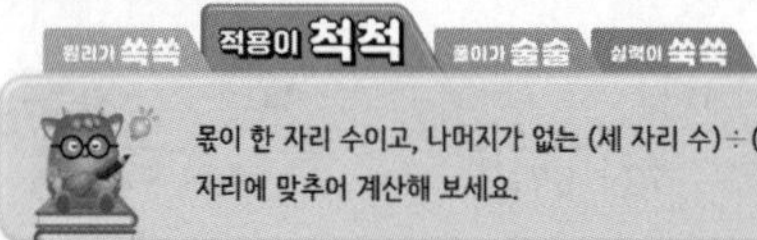

몫이 한 자리 수이고, 나머지가 없는 (세 자리 수)÷(두 자리 수)를 자리에 맞추어 계산해 보세요.

01 $216 \div 27 = 8$ — 27)216: 8, 216, 0

02 $345 \div 69 = 5$ — 69)345: 5, 345, 0

03 $142 \div 71 = 2$ — 71)142: 2, 142, 0

04 $340 \div 85 = 4$ — 85)340: 4, 340, 0

05 $204 \div 34 = 6$ — 34)204: 6, 204, 0

06 $128 \div 32 = 4$ — 32)128: 4, 128, 0

07 $512 \div 64 = 8$ — 64)512: 8, 512, 0

08 $165 \div 55 = 3$ — 55)165: 3, 165, 0

09 $192 \div 24 = 8$ — 24)192: 8, 192, 0

10 $306 \div 51 = 6$ — 51)306: 6, 306, 0

11 $462 \div 66 = 7$ — 66)462: 7, 462, 0

12 $280 \div 35 = 8$ — 35)280: 8, 280, 0

13 $564 \div 94 = 6$ — 94)564: 6, 564, 0

14 $355 \div 71 = 5$ — 71)355: 5, 355, 0

15 $602 \div 86 = 7$ — 86)602: 7, 602, 0

16 $552 \div 92 = 6$ — 92)552: 6, 552, 0

17 $186 \div 31 = 6$ — 31)186: 6, 186, 0

18 $408 \div 51 = 8$ — 51)408: 8, 408, 0

19 $747 \div 83 = 9$ — 83)747: 9, 747, 0

20 $301 \div 43 = 7$ — 43)301: 7, 301, 0

21 $648 \div 81 = 8$ — 81)648: 8, 648, 0

몫이 한 자리 수이고, 나머지가 있는 (세 자리 수)÷(두 자리 수)를 자리에 맞추어 계산해 보세요.

01 369÷58=6⋯21
6
58)369
348
21

02 148÷24=6⋯4
6
24)148
144
4

03 281÷34=8⋯9
8
34)281
272
9

04 138÷98=1⋯40
1
98)138
98
40

05 330÷54=6⋯6
6
54)330
324
6

06 536÷74=7⋯18
7
74)536
518
18

07 435÷89=4⋯79
4
89)435
356
79

08 406÷88=4⋯54
4
88)406
352
54

09 299÷51=5⋯44
5
51)299
255
44

10 521÷56=9⋯17
9
56)521
504
17

11 653÷87=7⋯44
7
87)653
609
44

12 703÷92=7⋯59
7
92)703
644
59

13 210÷38=5⋯20
5
38)210
190
20

14 729÷78=9⋯27
9
78)729
702
27

15 734÷86=8⋯46
8
86)734
688
46

16 463÷72=6⋯31
6
72)463
432
31

17 825÷83=9⋯78
9
83)825
747
78

18 526÷62=8⋯30
8
62)526
496
30

19 497÷65=7⋯42
7
65)497
455
42

20 659÷71=9⋯20
9
71)659
639
20

21 919÷94=9⋯73
9
94)919
846
73

22 328÷45=7⋯13
7
45)328
315
13

23 943÷98=9⋯61
9
98)943
882
61

24 812÷83=9⋯65
9
83)812
747
65

몫이 한 자리 수인 (세 자리 수)÷(두 자리 수)를 세로셈으로 해 보세요.

01 48)240 → 5

02 18)126 → 7

03 68)204 → 3

04 34)281 → 8⋯9

05 62)348 → 5⋯38

06 34)313 → 9⋯7

07 37)333 → 9

08 12)108 → 9

09 63)315 → 5

10 74)536 → 7⋯18

11 89)442 → 4⋯86

12 43)292 → 6⋯34

13 63)378 → 6

14 57)456 → 8

15 47)235 → 5

16 19)156 → 8⋯4

17 72)571 → 7⋯67

18 96)940 → 9⋯76

19 12)111 → 9⋯3

20 66)491 → 7⋯29

21 72)380 → 5⋯20

22 77)693 → 9

23 69)345 → 5

24 69)414 → 6

25 95)380 → 4

26 82)656 → 8

27 81)405 → 5

28 52)325 → 6⋯13

29 92)804 → 8⋯68

30 83)452 → 5⋯37

31 92)676 → 7⋯32

32 65)497 → 7⋯42

33 76)511 → 6⋯55

p.086~087

34. 26)104 … 4
35. 75)225 … 3
36. 35)245 … 7
37. 42)257 … 6⋯5
38. 37)171 … 4⋯23
39. 55)135 … 2⋯25
40. 84)492 … 5⋯72
41. 52)364 … 7
42. 57)463 … 8⋯7
43. 46)276 … 6
44. 63)477 … 7⋯36
45. 49)441 … 9
46. 65)479 … 7⋯24
47. 43)307 … 7⋯6
48. 75)600 … 8
49. 62)434 … 7
50. 85)519 … 6⋯9
51. 86)723 … 8⋯35

52. 19)145 … 7⋯12
53. 57)316 … 5⋯31
54. 95)894 … 9⋯39
55. 77)428 … 5⋯43
56. 63)482 … 7⋯41
57. 73)619 … 8⋯35
58. 86)430 … 5
59. 76)532 … 7
60. 45)405 … 9
61. 81)513 … 6⋯27
62. 93)750 … 8⋯6
63. 74)679 … 9⋯13
64. 96)700 … 7⋯28
65. 83)816 … 9⋯69
66. 95)864 … 9⋯9
67. 98)588 … 6
68. 73)584 … 8
69. 99)643 … 6⋯49

p.088~089

원리가 쏙쏙 | 적용이 척척 | 풀이가 술술 | 실력이 쑥쑥

나눗셈을 하여 빈칸에 알맞은 수를 써넣으세요.

01 ÷29

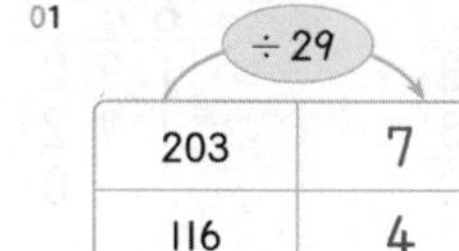

203	7
116	4

02 ÷37

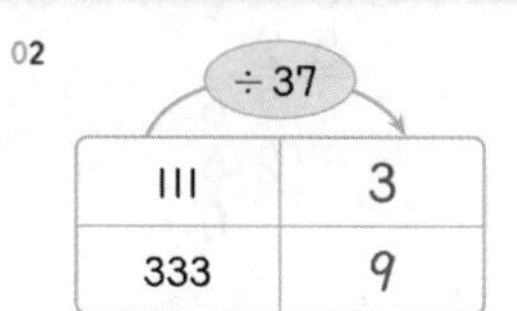

111	3
333	9

03 ÷19

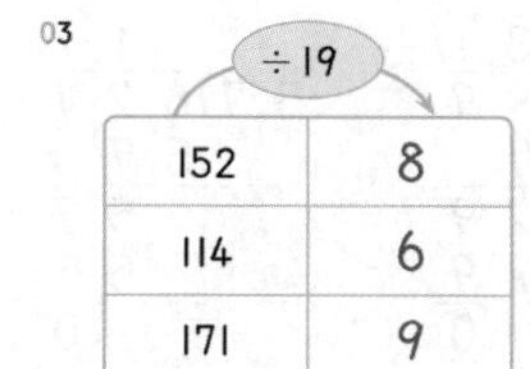

152	8
114	6
171	9

04 ÷44

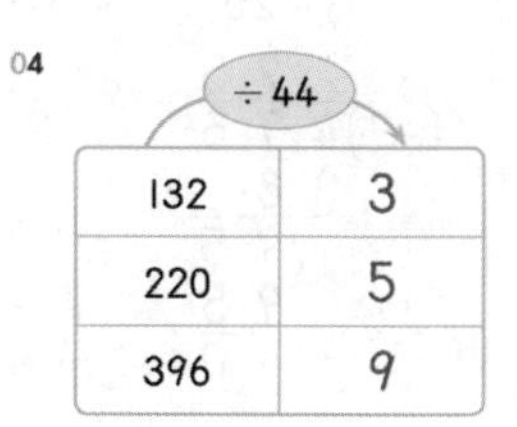

132	3
220	5
396	9

05 ÷52

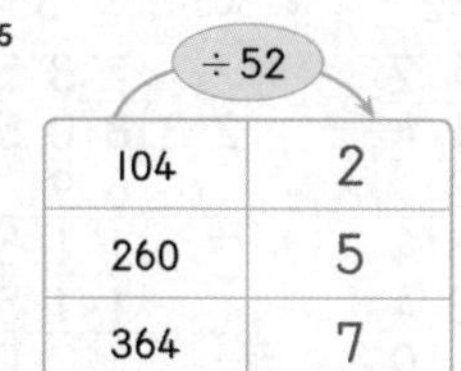

104	2
260	5
364	7

06 ÷65

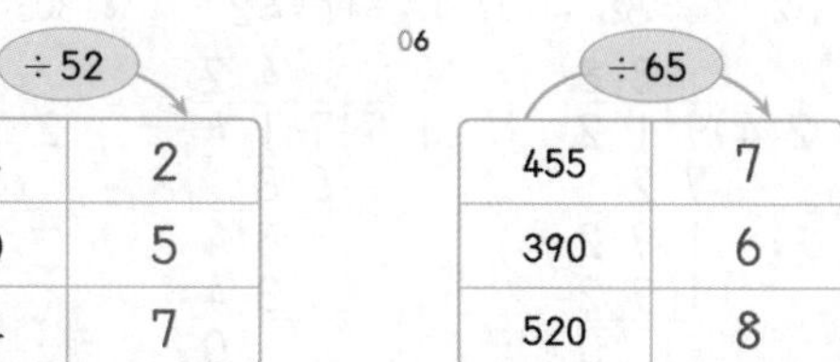

455	7
390	6
520	8

나눗셈을 하여 나머지가 더 큰 것에 ○ 해 보세요.

01. 64)227 (3⋯35), (74)282) ○ (3⋯60)
02. (84)556) ○ (6⋯52), 49)474 (9⋯33)
03. (924÷98) ○ (9⋯42), 647÷88 (7⋯31)
04. (511÷67) ○ (7⋯42), 599÷63 (9⋯32)
05. 39)178 (4⋯22), (29)257) ○ (8⋯25)
06. 867÷91 (9⋯48), (753÷85) ○ (8⋯73)
07. (361÷73) ○ (4⋯69), 653÷79 (8⋯21)
08. 32)114 (3⋯18), (42)209) ○ (4⋯41)

8 (세 자리 수)÷(두 자리 수) (2)

원리가 쏙쏙 적용이 척척 풀이가 술술 실력이 쑥쑥

(세 자리 수)÷(두 자리 수)의 몫을 십의 자리부터 구해 보세요.

01 몫이 두 자리 수인 (세 자리 수)÷(두 자리 수)

```
    1                 13
24)312   ➡   24)312
   24               24
    72               72
                     72
                      0
```

➡ 312 ÷ 24 = 13

```
    2                 25
31)791   ➡   31)791
   62               62
   171              171
                    155
                     16
```

➡ 791 ÷ 31 = 25 … 16

원리가 쏙쏙 적용이 척척 풀이가 술술 실력이 쑥쑥

몫이 두 자리 수이고, 나머지가 없는 (세 자리 수)÷(두 자리 수)를 자리에 맞추어 계산해 보세요.

01 560÷35=16
```
     16
35)560
   35
   210
   210
     0
```

02 156÷13=12
```
     12
13)156
   13
    26
    26
     0
```

03 308÷22=14
```
     14
22)308
   22
    88
    88
     0
```

04 756÷42=18
```
     18
42)756
   42
   336
   336
     0
```

05 351÷27=13
```
     13
27)351
   27
    81
    81
     0
```

06 627÷33=19
```
     19
33)627
   33
   297
   297
     0
```

07 216÷12=18
```
     18
12)216
   12
    96
    96
     0
```

08 462÷42=11
```
     11
42)462
   42
    42
    42
     0
```

09 540÷36=15
```
     15
36)540
   36
   180
   180
     0
```

10 546÷13=42
```
     42
13)546
   52
    26
    26
     0
```

11 703÷37=19
```
     19
37)703
   37
   333
   333
     0
```

12 832÷64=13
```
     13
64)832
   64
   192
   192
     0
```

13 475÷19=25
```
     25
19)475
   38
    95
    95
     0
```

14 899÷29=31
```
     31
29)899
   87
    29
    29
     0
```

15 627÷57=11
```
     11
57)627
   57
    57
    57
     0
```

16 912÷24=38
```
     38
24)912
   72
   192
   192
     0
```

17 714÷17=42
```
     42
17)714
   68
    34
    34
     0
```

18 805÷23=35
```
     35
23)805
   69
   115
   115
     0
```

p.094~095

몫이 두 자리 수이고, 나머지가 있는 (세 자리 수)÷(두 자리 수)를 자리에 맞추어 계산해 보세요.

01 393÷27=14…15
```
    14
27)393
   27
   123
   108
    15
```

02 429÷14=30…9
```
    30
14)429
   42
     9
```

03 509÷42=12…5
```
    12
42)509
   42
    89
    84
     5
```

04 625÷27=23…4
```
    23
27)625
   54
    85
    81
     4
```

05 585÷17=34…7
```
    34
17)585
   51
    75
    68
     7
```

06 471÷23=20…11
```
    20
23)471
   46
    11
```

07 415÷17=24…7
```
    24
17)415
   34
    75
    68
     7
```

08 453÷22=20…13
```
    20
22)453
   44
    13
```

09 707÷57=12…23
```
    12
57)707
   57
   137
   114
    23
```

10 964÷31=31…3
```
    31
31)964
   93
    34
    31
     3
```

11 776÷48=16…8
```
    16
48)776
   48
   296
   288
     8
```

12 556÷13=42…10
```
    42
13)556
   52
    36
    26
    10
```

13 711÷18=39…9
```
    39
18)711
   54
   171
   162
     9
```

14 917÷24=38…5
```
    38
24)917
   72
   197
   192
     5
```

15 614÷32=19…6
```
    19
32)614
   32
   294
   288
     6
```

16 962÷21=45…17
```
    45
21)962
   84
   122
   105
    17
```

17 605÷13=46…7
```
    46
13)605
   52
    85
    78
     7
```

18 933÷17=54…15
```
    54
17)933
   85
    83
    68
    15
```


p.096~097

원리가 쏙쏙 적용이 척척 풀이가 술술 실력이 쑥쑥

몫이 두 자리 수인 (세 자리 수)÷(두 자리 수)를 세로셈으로 해 보세요.

01 12)324 → 27

02 56)840 → 15

03 26)338 → 13

04 36)552 → 15…12

05 22)247 → 11…5

06 23)267 → 11…14

07 13)468 → 36

08 29)609 → 21

09 15)270 → 18

10 44)531 → 12…3

11 13)734 → 56…6

12 23)535 → 23…6

13 35)805 → 23

14 21)861 → 41

15 45)855 → 19

16 29)653 → 22…15

17 35)424 → 12…4

18 27)825 → 30…15

19 17)910 → 53…9

20 23)566 → 24…14

21 43)641 → 14…39

22 19)646 → 34

23 54)864 → 16

24 47)987 → 21

25 22)572 → 26

26 34)952 → 28

27 24)984 → 41

28 36)885 → 24…21

29 18)949 → 52…13

30 27)743 → 27…14

31 11)942 → 85…7

32 38)931 → 24…19

33 13)880 → 67…9

번호	나눗셈	몫…나머지
34	47) 752	16
35	21) 546	26
36	14) 588	42
37	26) 766	29…12
38	19) 692	36…8
39	77) 931	12…7
40	16) 681	42…9
41	17) 481	28…5
42	53) 576	10…46
43	42) 672	16
44	32) 341	10…21
45	43) 473	11
46	14) 573	40…13
47	33) 702	21…9
48	34) 408	12
49	29) 957	33
50	11) 339	30…9
51	52) 665	12…41

번호	나눗셈	몫…나머지
52	19) 445	23…8
53	57) 716	12…32
54	39) 894	22…36
55	26) 708	27…6
56	55) 689	12…29
57	25) 941	37…16
58	44) 836	19
59	26) 624	24
60	34) 782	23
61	34) 774	22…26
62	52) 964	18…28
63	26) 877	33…19
64	24) 955	39…19
65	33) 758	22…32
66	23) 839	36…11
67	29) 957	33
68	24) 984	41
69	19) 918	48…6

원리가 쏙쏙 적용이 척척 풀이가 술술 실력이 쑥쑥

나눗셈을 하여 빈칸에 알맞은 수를 써넣으세요.

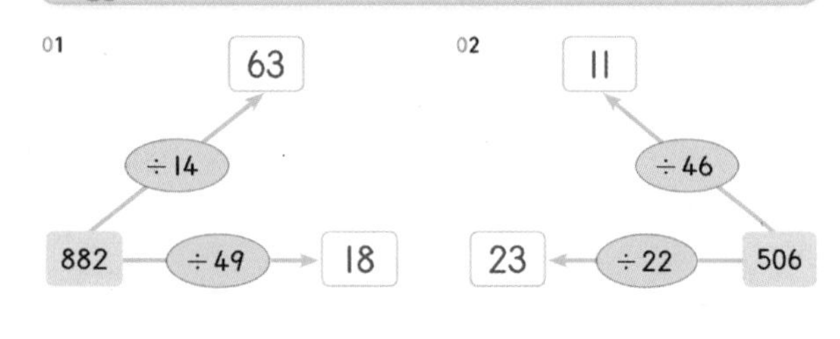

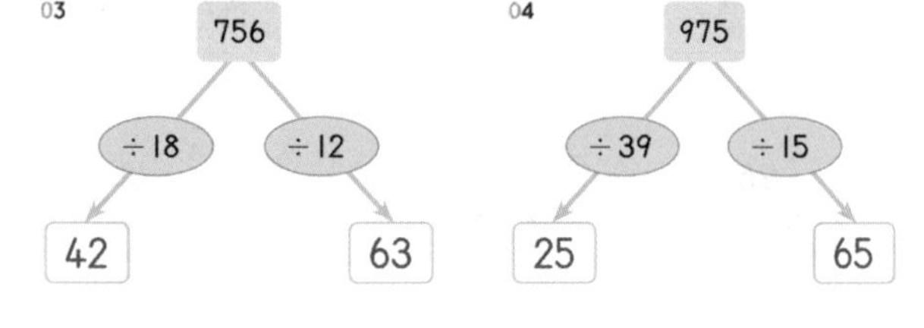

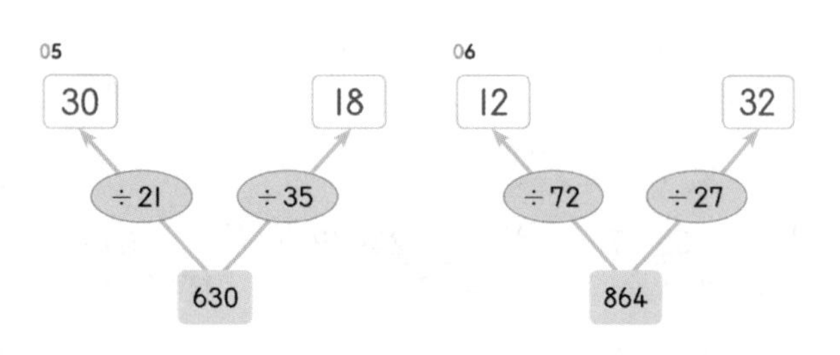

나눗셈을 하여 나머지가 같은 수를 찾아 ○ 해 보세요.

01

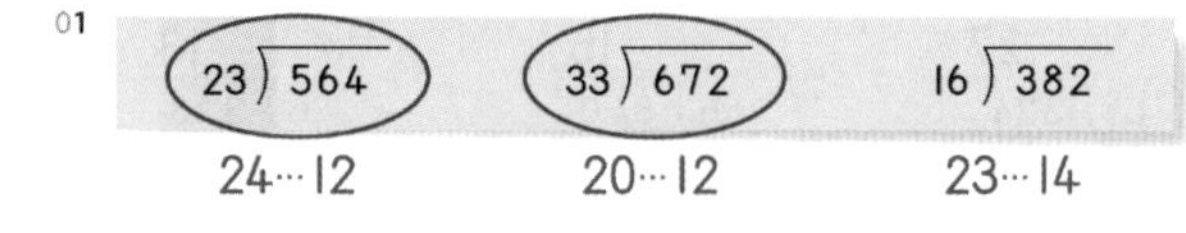

02

21) 342	(19) 672)	(47) 665)
16…6	35…7	14…7

03

(48) 850)	35) 976	(769 ÷ 49)
17…34	27…31	15…34

04

(24) 431)	(395 ÷ 31)	758 ÷ 43
17…23	12…23	17…27

05

931 ÷ 73	(953 ÷ 75)	(869 ÷ 68)
12…55	12…53	12…53

06

(563 ÷ 47)	825 ÷ 52	(718 ÷ 56)
11…46	15…45	12…46

p.102~103

4~8 연산의 활용

2에서 배운 연산으로 해결해 봐요!

▶ 수 카드를 이용하여 몫과 나머지가 가장 큰 나눗셈을 만들어 보세요. **나눗셈 만들기**

01 수 카드: 7, 5, 8, 4

$87 \div 45 = 1 \cdots 42$

02 수 카드: 4, 6, 1, 5

$65 \div 14 = 4 \cdots 9$

03 수 카드: 7, 3, 8, 7, 4

$877 \div 34 = 25 \cdots 27$

04 수 카드: 2, 6, 2, 7, 5

$765 \div 22 = 34 \cdots 17$

▶ 나눗셈을 하여 □ 안에 알맞은 수를 써넣어 보세요. **빈칸 추론**

01 $448 \div 32 = 14$
- 32 × 1 = 32, 448 − 320 = 128
- 128 − 128 = 0

02 $762 \div 46 = 16 \cdots 26$
- 46 × 1 = 46, 762 − 460 = 302
- 302 − 276 = 26

03 $811 \div 73 = 11 \cdots 8$
- 73 × 1 = 73, 811 − 730 = 81
- 81 − 73 = 8

04 $975 \div 39 = 25$
- 78, 975 − 780 = 195
- 195 − 195 = 0

p.104

▶ 이야기들 속에 주어진 조건을 생각하며 식을 세우고 답을 구해 보세요. **문장제**

01 사탕 66개를 1봉지에 21개씩 넣으려고 합니다. 봉지는 몇 개가 필요하고, 남은 사탕은 몇 개입니까?

식 $66 \div 21 = 3 \cdots 3$ 답 3 봉지, 3 개

02 138쪽짜리 책을 하루에 20쪽씩 읽고 있습니다. 최소한 며칠 안에 모두 읽을 수 있습니까?

식 $138 \div 20 = 6 \cdots 18$ 답 7 일

03 선물 상자 1개를 포장하는 데 색 테이프 43cm가 필요합니다. 길이가 310cm인 색 테이프로 선물 상자를 최대한 많이 포장하면 몇 개까지 포장할 수 있고, 남는 색 테이프는 몇 cm입니까?

식 $310 \div 43 = 7 \cdots 9$ 답 7 개, 9 cm

04 한 대에 47명씩 탈 수 있는 버스에 학생 633명을 태우려고 한다면, 최소 몇 대의 버스가 필요합니까?

식 $633 \div 47 = 13 \cdots 22$ 답 14 대

MEMO

MEMO